锦 瑟 Inlaid Zither

J S

在树的根须中，有智慧永在的金线闪烁

智慧树

[瑞士]卡尔·荣格/著

乌 蒙/译

图书在版编目（CIP）数据

智慧树／（瑞士）卡尔·荣格著；乌蒙译.—重庆：
重庆出版社，2022.4
　　ISBN 978-7-229-16660-1

　　Ⅰ.①智… Ⅱ.①卡… ②乌… Ⅲ.①心理学-通俗读物 Ⅳ.①B84-49

中国版本图书馆CIP数据核字（2022）第038432号

智慧树
ZHIHUI SHU
〔瑞士〕卡尔·荣格 著　乌 蒙 译

策　划　人：刘太亨
责任编辑：赵仲夏
特约编辑：王道应
责任校对：刘小燕
封面设计：日日新
版式设计：曲　丹

重庆出版集团
重庆出版社　出 版
重庆市南岸区南滨路162号1幢　邮编：400061
重庆市国丰印务有限责任公司印刷
重庆出版集团图书发行有限公司发行
全国新华书店经销

开本：787mm×1092mm　1/32　印张：9.875　字数：300千
2022年5月第1版　2022年5月第1次印刷
ISBN 978-7-229-16660-1
定价：48.00元

如有印装质量问题，请向本集团图书发行有限公司调换：023-61520678

版权所有　侵权必究

树,
是人类心灵无意识的深远表达……

译者序

许多年后,当荣格面对那些到他诊所求诊的病人时,他将一再想起自己小时候的"直觉仪式行为":从文具盒里掏出一把旧木尺,在尺子末端雕刻上形形色色的小人儿,然后把旧木尺慎重地放回文具盒里装好,又搁进箱子,在箱子的底部垫一块石头,再怀着虔敬的心情盖好箱盖,在箱盖上面压一块石头,最后小心翼翼地把箱子藏进阁楼。而后,他会不时带着一些小纸片躲进阁楼,一边取出旧木尺,把玩上面的一众小人雕刻,一边在纸片上涂抹只有他能懂的秘密语言。荣格发现,身为心理学家,他对病人的诊断,与他小时候对符号、原型和集体无意识的痴迷有着惊人的相通之处。

是的,荣格正是这样一位执着于原初记忆和原型象征的心理学家。与弗洛伊德用"冰山"作为潜意识的隐喻不同,荣格更钟情于树及其原型意象。在他的自传《回忆·梦·思考》的前言中,荣格写道:"生命就像靠根茎维系生存的植物一样,其真正的生机匿藏于根茎中,并不可见……当我们念及生命和文明那绵绵无尽的盛衰之变时,我们总是难以摆脱那种绝对的虚无之感。然而,我始终没有丧失过对永恒波动之中存有的生命不息的感受。此时花开,彼时花落,但根茎永在。"

树的原型意象及其象征,是荣格分析心理学的重要支柱。对树的原型意象及其象征的全面分析和挖掘,主要见于荣格的《智慧树》。荣格从"树象征的个体表现"开始,选用了来访者的32幅有关树意象的绘画,借以呈现个体潜意识、集体无意识、原型和原型意象的隐秘内涵,进而对树象征的历史和解释展开论述。

在《智慧树》开篇,荣格毫不隐讳地指出:"在潜意识的原型结构中,经常出现的是树或神奇植物的意象。"这为之后他对32幅有着丰富内心体验的"树画"作原型分析奠定了理论基石。这些绘画的原稿,在荣格逝世后,一直珍藏于瑞士苏黎世荣格学院。在这些绘画的背面,如今还能看到荣格当初记下的与来访者交流的点滴,以及一些心理学分析和感悟。根据荣格的分析心理学理论,来访者的画作中所呈现出的内心状况,隐含着集体无意识的存在和自性的觉醒。

在《智慧树》的第二部分,荣格不再拘泥于临床工作式的点到为止，而是旁征博引，借用神话、宗教、历史和文化，全方位剖析树象征的深层意义，阐释智慧树的原始奥秘，探究智慧树的性质和起源，以及作为哲人石的树的原型……在荣格的笔下，基督和印度的佛陀，中国的太上老君，首次达成了共融，因为在荣格看来，他们都是智慧的象征，是生命得道的原型，可以一一点化梦魇上身的芸芸众生。

是的，对心理学知识不甚了了的读者，也可以将《智慧树》作为知识型的心理小说来赏阅，那32位来访者，就是这本小说的主人公，而荣格，既是小说的创作者，也是小说的叙事者。需要提请读者留意的是，本书注释，除标明译者注的地方，均为作者原注。鉴于译者研学翻译不久，鲁鱼亥豕之误在所难免，祈请专家、学者和广大读者朋友不吝赐教。

目 录

译者序 / 1

卷一 树象征的个体表现 / 1

卷二 树象征的历史与解读 / 65

1 ‖ 树的原型意象 ································ 66
2 ‖ 约多库斯·格雷韦鲁斯著述中的树 ··· 69
3 ‖ 四体生物 ···································· 76
4 ‖ 整体性意象 ································ 88
5 ‖ 智慧树的性质与起源 ···················· 92
6 ‖ 多恩对树的阐释 ························· 100
7 ‖ 玫瑰色的血和玫瑰花 ···················· 104
8 ‖ 炼金术的思维 ···························· 115
9 ‖ 树的各个方面 ···························· 124
10 ‖ 树的栖息地 ······························ 134

11 ‖ 倒置的树 ················ **140**

12 ‖ 鸟与蛇 ················· **148**

13 ‖ 女性的树守护神 ·········· **153**

14 ‖ 作为哲人石的树 ·········· **156**

15 ‖ 这门技艺的危险 ·········· **162**

16 ‖ 理解作为一种防御手段 ····· **170**

17 ‖ 折磨的主题 ·············· **173**

18 ‖ 痛苦与化合的关系 ········ **183**

19 ‖ 作为人的树 ·············· **190**

20 ‖ 潜意识的解释和整合 ······ **197**

附录　佐西莫斯的幻象 / 211

附　卡尔·古斯塔夫·荣格年谱 / 299

卷一 | 树象征的个体表现

在潜意识的原型结构中,经常会出现树或有隐喻的植物形象。当这些幻想的东西被画出来时,通常表现为一种曼荼罗[1]形式的对称图案。如果把在树的横截面上看到的曼荼罗式的图案描述为自性[2]的象征,那么树的侧视图可以描述为自我成长的过程。在此,我并不打算探讨这些图案是在什么条件下产生的,因为我在《自性化过程研究》和《关于曼荼罗的象征作用》两篇论文中已经做过必要的说明。我现在所给出的一系列图片都来自我的病人,他们在试图表达自己的内心体验。

尽管树的象征多种多样,但它们都建立在一些基本的特征之上;在本文第一部分,我将对复制的图片进行评述,然后在第二部分,再论述炼金术及其历史背景中的智慧树。在我案例中的病人没有受到任何影响,因为他们尚未以任何方式涉及炼

---

[1] 曼荼罗(mandala),又音译为曼陀罗,在密教传统(密宗佛教、古印度宗教中的密学、苏菲派等)中,用其表现宇宙的真实。——译者注
[2] 自性是荣格人格分析心理学中体现心灵整合的原型,及人格的中心。——译者注

金术或萨满教[1]方面的知识。这些画面是无意识中自发创造的,也是幻想的产物,它们唯一有意识的目的就是表达发生了些什么,即在无意识的内容不被压制、不被扭曲,而被意识接管时,究竟会发生什么事情。大多数的图片是正在接受治疗的病人所画,但也有些是没有或不再受到治疗影响的病人所画。我必须强调的是,我始终小心翼翼,避免事先说出任何可能有暗示作用的话。这32幅画中有19幅,是在我对炼金术一无所知时,由当时的病人所画,其余也是在我的《心理学与炼金术》一书出版之前画的。

图1

这棵树孤零零地矗立在海面的一座岛上,它的上部被画面的边缘切断,这说明它有巨大的尺寸。嫩芽和小白花暗示着春天的到来。当这棵年龄远超人类寿命的大树苏醒时,它将迎来新的生命。

---

[1] 即萨满信仰。具有萨满信仰的人认为萨满是神与人之间的中介者,有预言、治疗和通神的能力。——译者注

图1 这棵树发了芽,开了白花。它坐落在一座岛上。背景是大海

一棵孤独的树，处于画面的中轴线上，很容易让人联想到世界树和世界轴[1]的属性，这也是树的象征被普遍赋予的属性。这些特征反映了画者内心自然变化的过程，与他的个人心理无关。在这里，树是一种象征符号，对意识来说，它既是普遍的，也是陌生的。当然，画者也有可能是在有意识地用圣诞树来表达他的内心状态。

图2

画面抽象的风格和树在地球上的位置，呈现了精神疏离的感觉。为了弥补这一点，树冠的完美对称，让两面在对立中得以结合。这是自性化过程的动力和目标。如果这幅画的画者与这棵树没有相互认同，也未被这棵树同化[2]，那么他就不会陷入自体性欲隔离的危险，他反而只会强烈地意识到他的自我人格必须接受这样一个象征过程，因为它就像他的自我一样真实且不可否认。人们可以用各种方式否认和拒绝这一过程，如果

---

[1] 这一观点似乎过于笼统，我将另行讨论。
[2] 参见《永恒之岛》，第24页。

图2 这棵树矗立在地球上,让绘画者想起了猴面包树,它的根冲破了圣埃克苏佩里的小王子居住的行星。它也让人想起斐瑞库得斯的那棵世界之树、萨满教之树和世界轴

这样,那象征所代表的一切价值都会因此丧失。充满好奇心的人都会很自然地去寻找合理的解释,如果不能立即找到,那么他要么会用简单而不充分的假设凑合一下,要么就会失望地走开。人们似乎很难带着谜团生活,尽管人们认为生活充满了谜团。事实上,再多一些我们解释不了的事情也不会产生什么不同。但是,也许正是这种"不解释"让人难以忍受,从而使我们的心灵中出现一些非理性的东西,使我们有意识的思维被扰乱了,迫使我们的心灵在其虚幻的确定性中,与存在的谜团相对抗。

图3

这幅画所展现的是一棵发光的树,同时也是一座枝状烛台。树的抽象形式指向它的精神本性。树枝的末端是点燃的蜡烛,照亮了一个黑暗的封闭空间,这个空间可能是一个洞穴或穹顶。它强调了其心理的秘密性和隐蔽性的本质过程,从而也明确强调了它的作用:对意识的启示。

图3 这棵抽象的树是七支烛台或圣诞树的表征。烛光象征着意识的启示和扩展

图4

虽然这棵树由金箔剪成,但它很逼真。它光秃秃的枝干说明它仍处于冬天的睡眠状态。它在天宇中升起。它的枝间有一

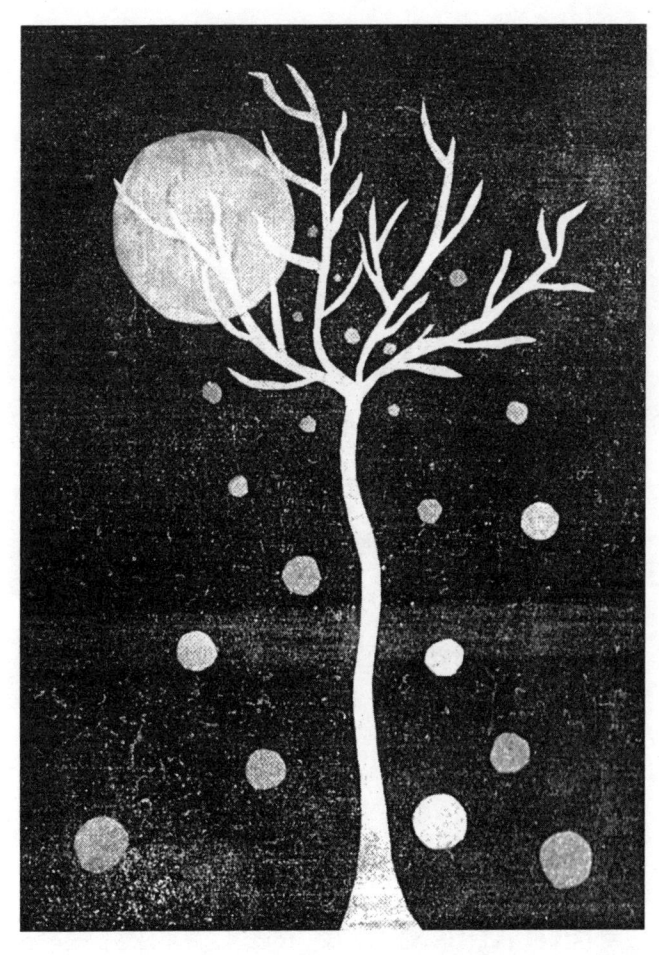

图4 用金箔制作的综合画,图案类似于炼金术的黄金树和宇宙之树。那些金球是天体

个巨大的金球，可能是太阳。图中这种金色表明，尽管画者还没有与画中的形象建立活生生的、有意识的联系，但她对这些形象的巨大价值有一种情绪性直觉。

图5

这棵树没有叶子，却开着小红花，这预示着春天的到来。树枝的顶端是火焰，火均从树生长的水里跃起，所以这棵树也有点像喷泉的喷口。喷泉的象征在炼金术中早已为人所知。在炼金术的图画中，它经常被描绘成中世纪的城镇喷泉[1]，喷泉中间直立的部分正好对应着这棵树。火与水的结合表达了对立的统一。这幅画印证了炼金术中的一句话："我们的水就是火。"

图6

这棵树是红色的，看起来像一枝珊瑚。并不是它倒映在水

---

[1] 参见《移情心理学》，图1。

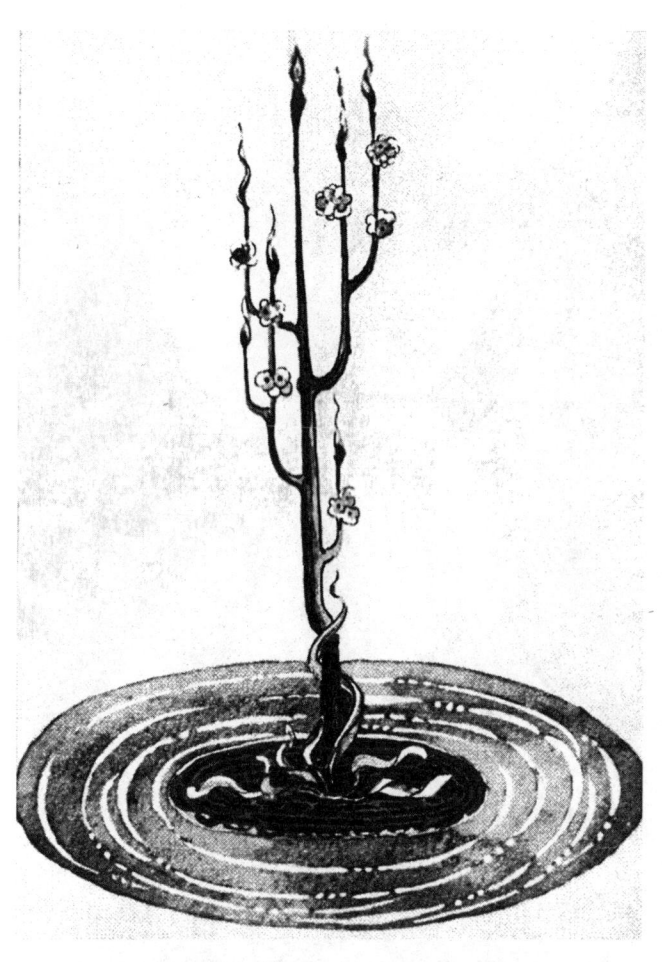

图5 这棵树生长在水中。它开着红花,但它也是由从水中跃出的火组成的,而且树枝顶端挂着火焰

图6 这棵树被涂成鲜红色,在水中同时向上和向下生长

中,而是水中的树与它在同时向下和向上生长。画面下半部的四座山也不是倒影,因为它们所对应的是五座山。这表明,下层世界并不仅仅是上层世界的反映,它们各自是一个世界。这

图7 这棵树从地下伸出来,穿过地表

棵树位于代表着对立的两堵石墙之间。这四座山也出现在图24中。

图 7

这棵树以不可抗拒的力量冲破了地壳,将两侧山一样的巨石都拉了起来。画者是在表达自己内心的一个相似过程,这个过程是必然的,任何力量也无法阻止。由于这些巨石是积雪覆

图8 这棵树的树枝顶端挂着火焰,它从一个女人的身体里生长出来。她是土和水的同义词,体现了树起源于潜意识的过程这一观念。参见生长在大地女神腹中的墨西哥的世界之树

盖的山峰,因此这棵树具有世界树的宇宙特征。

图 8

这棵树没有叶子,但它的枝端却像圣诞树一样,有小小的火焰。它不是从土地或水中生长出来的,而是从一个女人的身

体里长出来的。画者是一位新教徒,并不知道中世纪的圣母玛利亚象征大地,也被称为光耀海星圣母[1],是航海者的指引神。

图9

这棵树苍老又庞大,矗立在缠绕的树根之上,这一点极为突出。两条龙正从左右两边靠近。树上有一个男孩,他爬上去是为了观看龙。这让我们想起了守护着赫斯帕里得斯之树[2]的巨龙,以及看守宝藏的蛇。男孩有意识的一面正处于相当危险的境地,因为他刚刚获得的那一点点安全感很可能再次被潜意识吞噬。缠绕的树根、巨大的龙和微小的孩子,都表明了潜意识的混乱。

树本身并未受到威胁,因为它的生长不受人类意识支配。这是一个自然的过程,甚至冒险对其进行任何的打扰都会是危险的,因为它由龙守护着。但由于这是一个自然的、持续存在

---

[1] 光耀海星圣母:又名海星圣母,是童贞荣福玛利亚在天主教中的古老尊称,该尊称用以强调圣母是基督徒的希望和向导。
[2] 赫斯帕里得斯之树,即金苹果树,是众神之母盖亚送给赫拉的结婚礼物。赫斯帕里得斯是古希腊神话中的人物,由三姐妹构成,她们是看守金苹果圣园的仙女。——译者注

图9　一个11岁男孩画的树

的危险，因此，只要人类鼓起足够的勇气爬上这棵树，就能得到保护。

图 10

我们再一次见到了两条龙,但它们是以鳄鱼的形式出现的。树是抽象的、双重的,并且结满了果实,虽然具有二元性,但它给人的印象仍然是一棵树。除了把这两棵树套在一起的环指向对立的统一,两条鳄鱼所表现的也是这种统一。在炼金术中,墨丘利斯[1]以树为象征,以龙为面纱。他是著名的"双性人",既是男性也是女性,并在化学婚礼的圣婚中成为一体。汞[2]的合成是炼金术的重要内容。

图 11

虽然树和蛇都是墨丘利斯的象征,但由于墨丘利斯具有两重性,所以它们也代表了两个不同的方面:树对应的是被动的、

---

[1] 罗马神话中众神的使者,对应希腊神话中的赫耳墨斯。——译者注

[2] 水银(汞)在英语中称为mercury。在英语中,形容某人mercurial,意指此人像赫耳墨斯(Hermes)那样机智狡猾。——译者注

图10 以两棵通过一个环连接在一起的共生树作为"对立物的统一"的表征。水中的鳄鱼是被分离开的对立物,因此很危险

图11 树的垂直生长与蛇的水平运动形成对比。这条蛇即将在知识之树上栖息

植物性的原则,蛇对应的则是主动的、动物性的原则。树象征着被大地束缚的肉体,即世俗的物质性;蛇象征着情感和拥有灵魂。没有灵魂的身体是呆滞的;没有身体的灵魂是虚幻的。在这幅画中,二者的结合显然迫在眉睫,也意味身体和灵魂即将结合。同样,天堂里的树也表示那个真实的生命在等待原初的父母,而此时,他们正从原初的童真状态(即元神世界)中显现出来。

图 12

树与蛇合而为一。树上长出了叶子,太阳升起在树的中心,放射着光芒。树根是蛇的躯干。

图 13

这棵装饰性的树,其树干底部有一扇锁着的门,通向隐秘的深处。树枝中间的那枝显然是蛇形的,上面托着像太阳一样发光的物体。那只呆呆的鸟儿代表着画者,它在为忘了带开门的钥匙而哭泣。它显然在怀疑树里有什么贵重的东西。

图 14

同一位画者在有关"宝藏"的主题上做了许多改动。在这幅画和下一幅画中,他都采用了英雄神话的形式:英雄在一个隐蔽的地窖中发现了一个密封的保险箱,从里面长出了一棵美妙的树。一条小青龙像狗一样跟随着英雄,与炼金术士们熟知的精神相对应,那就是水银蛇或翠绿色天龙。这类神话般的幻

图12　与树枝上的太阳相对应，树根里的蛇戴着光环，表明树和蛇的成功结合

图13 这棵树有4+1根树枝。中间的树枝顶着太阳,其他四根树枝顶着星星。这棵树是中空的,被一扇门关着。鸟儿在哭泣,"因为它忘了带钥匙"

图14 这幅图和下一幅图（图15）都来自同一个人描绘英雄神话的系列图画。伴随英雄的是一个戴着王冠的小绿龙形态的仆人。这棵树是从一个装有秘密宝藏的箱子里长出来的

想并不罕见，或多或少都有些像炼金术的寓言或说教故事。

图 15

这棵树不愿放弃宝藏，把宝物箱抓得更紧了。当英雄触碰那棵树，一道火焰便朝他喷涌而出。它是一棵火树，就像炼金

图15 树用它的根紧紧地抓住了箱子,当英雄触碰一片叶子时,火焰从叶子中喷涌而出

瞬间的迷雾一样,也像行邪术的西门[1]的世界树。

图16

许多的鸟栖息在光秃秃的树上,在炼金术中也能见到这样的主题。就像罗伊斯纳的《潘多拉》(1588),或者像《神魂颠倒》(1566)中围绕着赫耳墨斯·特利斯墨吉斯忒斯飞行的鸟儿那样,智慧树也会被无数的鸟儿围绕着[2]。这棵树显然正在看守宝藏。隐藏在树根里的宝石让人想起格林童话中藏在橡树根中的瓶子,里面装着墨丘利斯的灵魂。这是一颗深蓝色的宝石,但画者并不知道它与《圣经·以西结书》中的蓝宝石的联系,以及蓝宝石在教会寓言中的重大地位。蓝宝石的特殊作用就在于它能赋予佩戴者贞洁、虔诚和坚贞的美德。它也

---

[1] 西门,《圣经》中的人物,在基督教早期的传说中西门是一至三世纪期间最为活跃的异端。——译者注
[2] 参见《心理学与炼金术》的无花果树,图231(潘多拉图)和图128(赫耳墨斯图)。《神魂颠倒》是扎迪斯·西尼尔的作品。——译者注

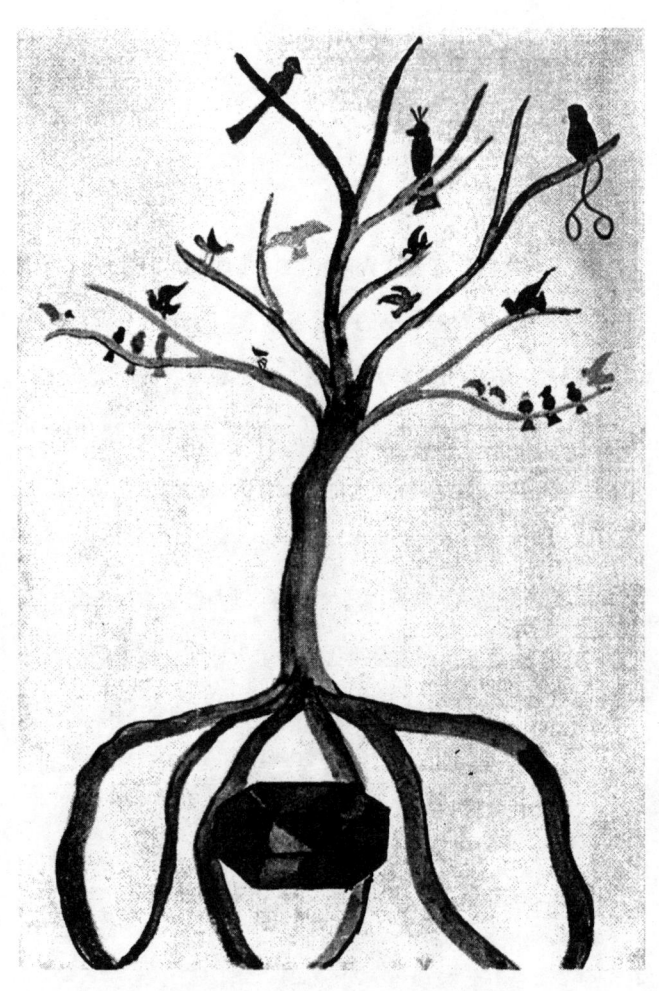

图16 由同一位病人在更早期阶段完成。树根里藏着一颗蓝宝石

被作为"安抚心脏"的药物使用[1]。哲人石被誉为"蓝宝石之花"[2]。鸟,作为可以飞翔的生物,一直是精神或思想的象征。所以,画中如此多的鸟,意味着画者的思想围绕着这棵树的秘密,指向隐藏在树根里的宝藏。田野里的宝藏、价值连城的珍珠和芥菜种子的寓言等,都具有这种象征意义。只是,炼金术士们所指的"秘密"并不是天国,而是"可见世界的惊人奥秘",画中的蓝宝石似乎也有类似的含义。

图17

这是同一位画者在更晚的阶段所画,同样的思想以不同的形式在这幅画中再次出现;她的绘画技艺也有所提高。鸟儿已被心形的花朵取代,因为那棵树现在已经活过来了。它的四条分枝与切去四角的蓝宝石相应,围绕它的小衔尾蛇强调了它的"恒常性"。在《象形文字集》中,衔尾蛇是象征永恒的符号[3]。

---

[1] 参见罗兰德版《炼金术辞典》第286页。
[2] 参见《和赫尔曼·海德格尔的通信集》一书中的《谈戏剧的作用》一文,第5章第1660节。
[3] 参见普林斯顿版《象形文字集》第57页,乔治·博阿斯译。

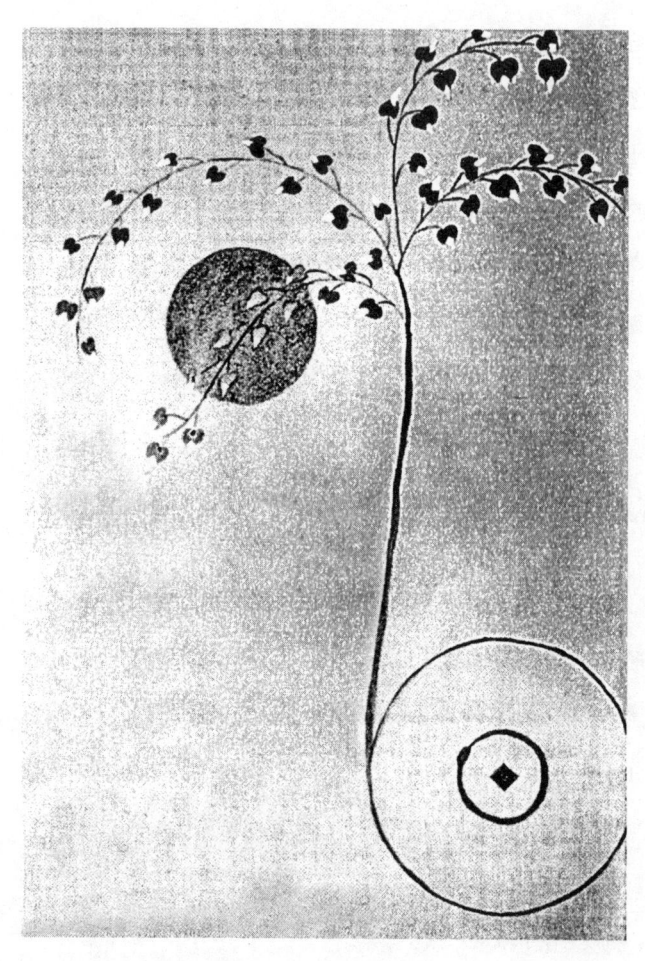

图17　由同一位病人在后来完成。一棵带着日轮的开花的树从一个魔圈中长出来，魔圈围绕着一条衔尾蛇，中心是蓝宝石

在炼金术士们看来,自我吞噬的蛇是雌雄同体的,因为它自己会生下自己。因此,他们把这种蓝宝石之花(即哲人石)称为"雌雄同体花"。恒常性和永久性不仅表现在树的年龄上,也表现在它的果实,即哲人石上。像水果一样的哲人石,同时也是一颗种子,虽然炼金术士们不断强调"谷物的种子"死在了泥土里,但哲人石,尽管有种子一样的性质,它却是不腐的。就像人一样,它代表着一种不断地死亡但又永恒的存在。

图18

这幅图表现了一种初始状态,尽管这棵树具有宇宙的性质,但不能自行从地表上生长起来。这是一种退行[1]的发展,可能是因为这棵树有一种自然倾向,可以从地表生长到充满奇妙的天文和气象现象的宇宙空间,但这将意味着它进入到了一

---

1 退行是弗洛伊德提出的心理防御机制,是指人们在受到挫折或面临焦虑、应激等状态时,放弃已经学到的比较成熟的适应技巧或方式,而退行到使用其早期生活阶段的某种行为方式,以满足自己的某些欲望,是一种不成熟的心理防御机制。——译者注

图18 宇宙之树被大地束缚，无法向上生长

个可怕的、不寻常的世界，与自然人的理性所惧怕的超自然事物接触。树的向上生长，不仅会威胁到病人在尘世生活中所谓的安全，而且还会威胁到他的道德和精神的习惯惰性，因为它将把他带到一个新的时代和一个新维度，在那里，如果他不付出巨大的努力去重新适应，他就无法生存下去。在这种情况下，病人的退缩不仅仅是因为他的懦弱，也是因为一种无可非议的恐惧，这种恐惧提醒他，未来的要求是多么苛刻，但他却无法意识到这些要求是什么，也不知道不满足这些要求究竟会有什

么危险。他对焦虑的抗拒和厌恶似乎毫无根据,对他来说,他很容易为它们找借口,或是只要别人的一点帮助,他就可以把它们像讨厌的虫子一样撇到一旁。所以,我们这幅画所展示的精神状况就是:一种向内的反向生长,使本来坚固的大地也陷入日益严重的混乱之中。次级幻想也会随之产生,要么围绕着性,要么围绕着权力,或两者兼有。这样的幻想,早晚会导致神经症症状的出现,甚至导致病人和分析师不可避免地将这些幻想视作这些症状出现的原因,从而忽视真正的任务。

图 19

这张由另一位病人所画的图案显示,图 18 的"退行"并不是孤立的。然而,这不再是一个无意识"退行"的例子,而是一个有意识的例子,这就是为什么树长出了人头。我们无法从图画中分辨出,这个女巫般树妖的树枝是在紧抓着大地,还是正在不情愿地从大地上伸起来。这与病人意识的分裂状态完全一致。但是,周围那些直立的树木却表明,无论是在她的内在还是外在,她都感知到了树木应该生长的方式。她把这棵树

图19　同样的退行状态（由另一位画者描绘），但伴随着更强烈的意识

解释为一个女巫，把树的"退行"生长解释为有着邪恶本性的魔法所导致的结果。

图20

这棵树孤立在山顶。它有茂密的枝叶，它的树干里有一个用五颜六色的包装裹着的玩偶。画者当时想到了有关小丑的主题。这个愚蠢小丑的装扮，表明她觉得自己正在应对一些疯狂和不理性的事情。她意识到自己想到了毕加索，小丑的服装显然也暗示出了毕加索的风格。这种联想可能有更深的含义，而不仅仅是表面上的想法的组合。正是这种印象的非理性导致了前两张图中的"退行"发展。这三个病例都反映了现代人心灵所感到的极度不安，我的病人中也有不少人公开承认，他们害怕自己的心理出现这种自主发展。在这些情况下，如果有人能向他们展示他们那独特的、不可同化的经验的史传性，那便是最有价值的治疗。当病人开始感到自己的内在发展无可逃避时，他可能会感到很恐惧，害怕自己会无助地陷入某种他再也无法理解的疯狂之中。我曾经不止一次不得不伸手去拿书架上的同一本书，向我的病人讲述一位古老的炼金术士，让他们知道这位炼金术士四百年前有过同样的可怕幻想。这有一种镇静的作用，因为我的病人会发现，在一个无人理解的陌生世界里，他并不是唯一的，而是人类历史长河中的一分子，人类的历史

图20 这棵树具有宇宙的特性，树干里藏着一个五颜六色的玩偶

已经无数次经历过这些显然不能被视为疯狂的事情。

图 21

上一幅图画中的玩偶里有一个正在睡觉的人，像一只昆虫

图21　由另一位病人画的同样主题。那个熟睡的人现在清晰可见了

的幼虫正在蜕变。在这里，树就像是藏在树干里的人的母亲。这棵树与传统母性的特征相符。

图22 隐藏的人苏醒过来,从树中露出一半身体。蛇在她耳边低语;鸟、狮子、羔羊和猪构成了天堂般的场景

图 22

  情势又向下个阶段迈进了一步。沉睡的人醒来了,身体的一半从树中露出,与动物的世界接触。因此,"树生"的人不仅具有自然之子的特征,而且被认为是从土地中生长出来的原始生命。这个树中仙女就是夏娃,她并非来自亚当的肋骨,而是完全独立的存在。这一象征显然不仅弥补了超文明人的片面性和非自然性,而且修正了《圣经》关于夏娃作为从属品被创

造出来的神话。

图23

树仙女托着太阳,画面呈现出一个由光构成的人形。背景中的波浪带是红色的,由围绕着蜕变中的小树林流动的鲜血组成。这表明,这种蜕变不仅仅是一种虚无缥缈的幻想,而且也是一个深入肉体的过程,甚至是从肉体中产生的过程。

图24

这幅画综合表现了前面几幅画的各种主题,却特别强调光或太阳的象征性,并以四位一体作为表征。四条不同颜色的河流灌溉着它,它们从病人称之为"四座天山"或"形而上的玄山"上流淌下来。我们在前面的图6中遇到过这四座山。它们也出现在我的《心理学与炼金术》中所提到的一位男性病人的画作中[1],那本书里的图62和图109也再现了这四条河流。在

---

[1] 参见《心理学与炼金术》第217页。

图23 这棵树本身呈现出人类的形态,并承载着太阳。背景是一条波浪状的血脉,有节奏地环绕着岛屿涌动

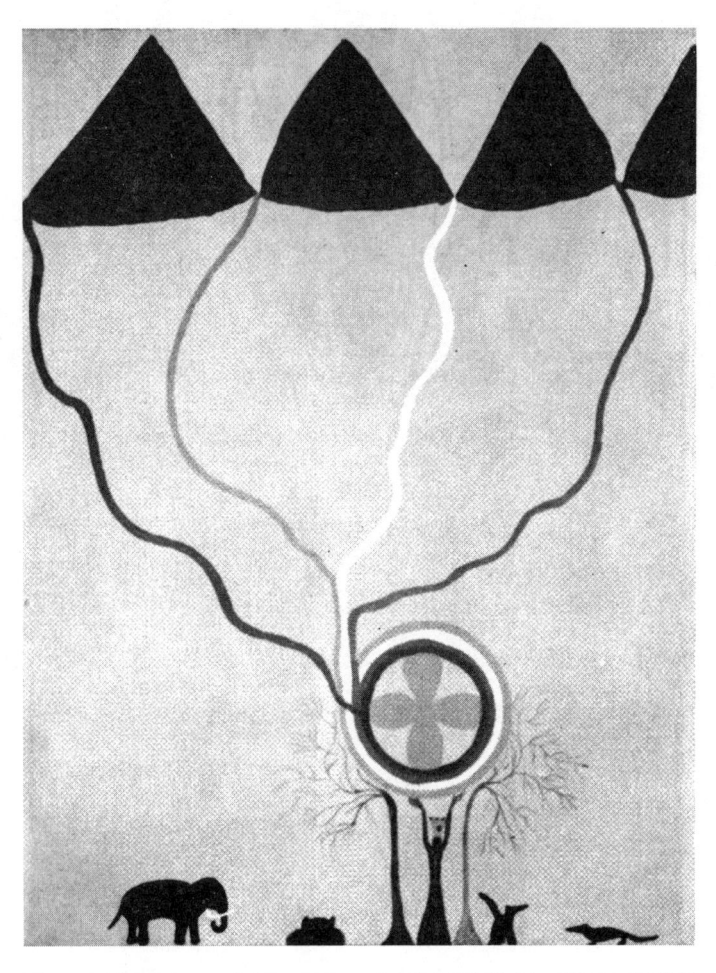

图24 这幅图和图13至17出自同一画者。一个女性形象取代了树。日轮现在是自性化的象征,其特征是四位一体,由从四座山上流下的四条不同颜色的河流浇灌,两侧有四个动物。这是一个天堂般的场景

所有的这些案例中,我对数字4,就像对所有炼金术、诺斯替教¹和神话中的四位一体一样,不承担责任。我的批评者认为我特别喜欢数字4,所以以为它无处不在,他们这样的想法其实很奇妙。他们应该读一读炼金术的论著,只需一本足矣,但是显然这也太费力气了。"科学的"批评有90%都是偏见,而且事实也总需要很长的时间才能被印证。

数字4,就像化圆为方,绝不是偶然,这就是为什么——举一个就连我的批评者都知道的例子——不是三个或五个方位,而恰恰是四个方位。除此之外,我只是顺便提一下,数字4还有一些特殊的数学性质。我们画面中构成四位一体的元素,以及所强调的光象征,以这样一种方式放大表现,从中我们不难看出它的含义:通过这个小小的女性形象,表现一种对整体的接受,一种对自性的直观理解。

---

1 是基督教中的异端派别,也被称作"灵智派""神知派";是罗马帝国时期的地中海东部沿岸地区对各地流行的神秘主义教派的统称。——译者注

图 25

这幅图展现了一个更晚的阶段。那个女性形象不再只是光象征的接受者或承载者，而是被卷入其中。与前一幅图相比，病人的人格受到的影响更大。这增加了其自性认同的危险——不能轻视的危险。任何经历过这种发展的人，都会被引诱，希望看到自己的经验和努力的目标与自性融合。的确，从当前的案例看来，有一些具有暗示性的先例是完全可能的。但是在这幅画中，有一些特定的因素能使画者区分开她的自我与自性。她是一位深受普韦布洛[1]印第安神话影响的美国女性：玉米棒芯使这个女性形象具有了女神的特征。她被一条蛇缠绕在树上，与被钉在十字架上的耶稣相似，作为自性的耶稣为世俗的人性牺牲，就像普罗米修斯[2]被链条缚在岩石上一样。正如神圣的

---

[1] 普韦布洛（Pueblo），一个美洲印第安部落，和北美其他印第安人部落的历史相比，其文明发展程度最高，有上千年的农耕史。——译者注

[2] 普罗米修斯（Prometheus），古希腊神话中的神明之一，名字有"先见之明"的含义，为帮助人类而盗取火种，触怒了众神之王宙斯。宙斯将他锁在高加索山的悬崖，让鹰啄食他的肝脏，又让肝脏重生，使其承受没有尽头的痛苦。——译者注

图25 这棵树是一个女性形象,被一条蛇缠绕着,手持两个光球。方位基点上标示着玉米棒和四个动物:鸟、乌龟、狮子和蚱蜢

神话中所显示的那样，人为达到整体性所作的努力，与自性在世俗的束缚中自愿牺牲一致。在这里，我仅指出这种关联，而不作进一步探讨。

因此，在这幅画中，有如此多的神圣的元素，以至于除非病人的意识完全被蒙蔽（但没有这种迹象），否则她可以很容易区分自我和自性。在这一阶段，重要的是不要屈服于自命不凡，比如，在自性变得可以识别的那一刻，她认同了它，从而蒙蔽了自己，使自己对已获的领悟视而不见，那么这将不可避免地带来各种令人不快的后果。如果与自性相认同的自然冲动能够被识别出来，那么这个人，就会获得将自己从潜意识状态中解放出来的绝佳机会。但是，如果这一机会被忽视或没有得到利用，情况就不会像以往一样，而是会产生一种压抑，并伴随着人格分裂。自性的实现可能会导致意识的发展变成一种"退行"。我必须强调，这种实现不只是一种智力行为，而主要是一种道德行为，与道德相比，智力的理解是次要的。因此，我所描述的症状，也可以在病人身上观察到，他们出于不愿承认的卑劣动机，拒绝接受命运赋予他们的使命。

我还想请大家注意另一个特性：这棵树没有叶子，它的树枝也可能是根。它所有的生命力都集中在中心，集中在代表着花朵和果实的人形身上。一个人的根既在上面,也在下面,就像一棵树同时向下和向上生长。目标既不是高度,也不是深度,而是中心。

图26

上一幅图中提出的想法,在这里以稍微不同的形式再次出现。可以说,这种想法只存在于描述自己的过程中,因为病人的意识心灵只是遵循着一种模糊的感觉,这种感觉在绘画过程中才逐渐得以成形。她也许只是无法用一个清晰的说法来表达她想要表达的东西。这幅画的结构是一个曼荼罗,它被分成了四个部分,中心点下移,直到人物的脚下。这个人站在上方,因此属于光明的领域。这个曼荼罗是传统基督教十字架的倒置。传统的十字架,其长柱位于横梁的下方。我们从这幅图画中必然得出这样的结论:自性首先是作为一个理想的光的形象而实现的,尽管如此,它还是以一个倒置的基督教十字架的形式出现。鉴于理想之光的交点靠近顶部,所以潜意识中向中心目标的努力是向上的,那么图中人物向下的目光,则显示她的目标应该在低处。十字架短柱直立的光束落在黑色的大地上,

图26 树的大部分被一个女性形象所取代，下半部分呈十字架的形式。下方是大地，天空中是一道彩虹

这个人的左手握着一条从黑暗的球体中抽取的黑鱼。右手所结的手印[1]犹豫地指向左手那条（来自潜意识的）鱼。这个病人曾经研究过神智学[2]，因此深受印度教的影响。无论是在基督教还是在印度宗教中，鱼都具有一种救世意义（作为摩奴[3]的鱼和毗湿奴[4]的化身）。我们有理由猜测（见图29），这个病人熟悉《博伽梵歌》[5]，里面说道（X，31）："在鱼类中，我是马卡拉。"马卡拉是海豚或海怪利维坦的一种，是密宗瑜伽中的生殖轮象征之一。生殖轮的中心位于膀胱内，是以鱼和月亮象征为特性的水域。脉轮大概相当于意识的早期定位（例如，心轮

---

[1] 是一种仪式或术法中使用的手势。
[2] 神智学（theosophy），亦译作"通神学"，泛指和哲学体系联系的各类神秘主义学说。近代神智学受亚洲宗教哲学影响，许多词语来自印度。印度哲学中包含大量神智学因素。——译者注
[3] 摩奴（Manu），印度神话中人类的始祖，在"大洪水"中拯救了人类，与希伯来传统中的诺亚，有基本相同的特征。摩奴救下的鱼是毗湿奴（另一说法是大梵天）的化身。——译者注
[4] 毗湿奴（Visnu），印度教主神之一，经常化身为各种形象拯救陷入危难的世界，是"维护之神"。——译者注
[5] 五千年前用梵文写成的印度经典，也是首部专门记载了瑜伽的文献，解释人、自然与神之间的关系。——译者注

对应于希腊的胸腔）[1]，而生殖轮可能是万物最初的定位。鱼的象征及其古老的守护神都来自这片水域。这让我们想起了"创世之日"[2]，想起了意识出现的时代，那时，存在的原始统一体几乎没有被模糊的反思所扰乱，人类像鱼一样还在潜意识的海洋里游动。从这个意义上说，鱼象征着一种回归元神世界的天堂似的状态，或者是藏传密宗中所说的"中阴"状态[3]。

这个人脚下的植物实际上扎根在空中。树、树仙女和植物，都从地面被举起来，或者，更有可能正准备落到地上。这也是那条作为深海使者的鱼所暗示的。在我的经验中，这种情况并不寻常，或许是受神智学的影响。西方神智学的一个特征是，以理想的思维去填充意识，而不是与阴影和黑暗世界相对抗。人不是通过想象光明的形象而得到启明的，而是通过使黑暗意识化而开悟的。然而，后一种过程并不令人愉快，因此不

---

[1] 关于脉轮的理论，参见《阿瓦隆之蛇的力量》；关于胸腔，参见奥尼安的《欧洲思想的起源》第14页。
[2] 原文"days of creation"应指神创世的七日（the seven days of creation）。——译者注
[3] 中阴：佛教术语，又称作"中有"，指轮回中，生命死亡后进入下一生命的中间存在状态。参见英国学者埃文斯·文茨译的《西藏生死书》第101页。——译者注

受欢迎。

图 27

与前一幅画不同的是，这幅画中的元素完全是西方的，尽管它属于神明从树或莲花中诞生的原型范畴。石炭纪[1]的古植物世界，展现了画者当时的心境，她通过直觉理解了自性的诞生。从古老植物中生长出来的人类形象，代表了四个在底座的头的统一和精华，这与炼金术的观点一致，即哲人石是由四种元素组成的。对原型的认识使这种体验融入了原始的特征。就像幻境领域中常见的那样，这种植物也被分成了六个部分，当然，也可能纯属偶然。不应忘记的是，在古代，数字 6 被认为是"最适合世代传承"的[2]。

---

[1] 石炭纪是古代生物的第五个纪，约处于地质年代3.55亿年至2.95亿年前。当时气候温暖、湿润，出现大面积沼泽和大规模森林。——译者注

[2] 参见《美好的生命》，第13页，科尔森/惠特克译。

图27 这棵树矗立在一片史前杉树藻中。它就像（在六个台子上的）一朵花的雌蕊，从长着四个人头的花萼中长出来；一个女人的头从花瓣中抬起来

图 28

由图26的那位病人所绘。戴着树冠的女性人物是坐姿——同样是一种向下的移置。以前远在她脚下的黑色大地，现在是进入到她身体里的一个黑球，位于脐轮[1]的位置，与腹腔神经丛重合。（与此相对应的是炼金术中的"黑太阳"[2]。）这意味着黑暗原则或阴影已经被整合，现在被感受为身体的中心。这种整合可能与鱼在圣餐中的意义有关：吃鱼带来了一种与神同在的神秘感[3]。

无数的鸟绕树翻飞。由于鸟类代表有翅膀的思想，因此我们必然会得出这样的结论：女性形象逐渐从思想世界脱离出来了，因为中心被移到了下方，思想自己也因此回归到了它们的自然元素中。以前，她和她的思想是一致的，结果她被托举到了地面上，仿佛是一个存在于空中的生命，她的思想也因此失

---

[1] 脐轮（Maṇipūra-chakra）是传统印度教理论认为的第三个主要脉轮，也是道教下丹田的别称。——译者注
[2] 与乌鸦头（caput corvi）和黑斑蚧（nigredo）同义。参见《哲学新范式》第19页。作者说，在黑斑蚧中，作为自然媒介的灵魂占主导地位。这大致相当于我所说的集体无意识。
[3] 参见《永恒之星》，第113页。

图28 由绘制图26的同一位病人所画。从女人头上长出的叶子被飞翔的鸟儿包围着

去了飞翔的自由,因为她的思想现在要支撑起一个人的全部重量。

图 29

脱离思想世界的过程仍在继续。一个男性恶魔[1],显然是突然醒来的,正以胜利者的姿态展示自己:他是阿尼姆斯(animus),是女性身上男性思想的化身(通常指女性男性化的一面)。病人先前的悬停状态,其实是阿尼姆斯附身,但现在解除了。区别她的女性意识和阿尼姆斯,意味着两者的解放。"我是赌徒的游戏。"这句话可能源自《博伽梵歌》(X,36):"我是骰子的游戏。"[2] 是克利须那神[3]对自己的评价。这段话是这样开始的(X,20—21):"我是坐在一切众生心中的自性。哦,

---

[1] 此处我指的是希腊的精灵,而不是基督教的魔鬼。
[2] 可惜我无法询问病人这句话的来源,但我知道她熟悉《博伽梵歌》。
[3] 克利须那(Krishna),印度教的神,即黑天,是主神毗湿奴和那罗延的化身,被许多印度教派认为是至高无上的神,也是最具吸引力的神。——译者注

图29　该图与图28是同一位病人画的，但在这里，树是从彩虹之上的一个男人的头上长出来的

古达克刹啊！我是万物的开始、过程和结局。我是阿底亚斯[1]中的毗湿奴；是闪耀的太阳在身体间。"

与克利须那一样，阿耆尼[2]也是《夜柔吠陀》[3]中《百道梵书》的骰子游戏："他（行祭僧[4]）掷下骰子，说：'神圣的梭哈[5]，你用苏利亚[6]的光芒努力照亮兄弟内心最中心的位置！'因为这个游戏场如同'巨焰烈火'，那些骰子便成了他的煤料，所以他能取悦火神阿耆尼。"[7]

这两个文本都将光、太阳、火以及神与骰子游戏联系了起

---

[1] 阿底亚斯（Adityas），吠陀经上太阳神们的名字。——译者注

[2] 阿耆尼（Agni），吠陀教和印度教的火神，即火天。古印度人相信供奉阿耆尼的祭品会被净化并传达到其他神的居所，故其神格中有净化者和送信者的部分。——译者注

[3] 《夜柔吠陀》（*Yajur-Veda*），是印度教四大吠陀经的第三部，其内容着重于宗教仪式。——译者注

[4] 吟诵《夜柔吠陀》祈祷词的僧侣。

[5] 梭哈是神圣的音节之一。它是在雷雨中吟诵《吠陀经》时和在祭神时发出的声音。

[6] 苏利亚，即太阳。

[7] 《东方圣书》，第41章第112页。

来。同样,《阿闼婆吠陀》[1]也提到了"在战车上,在骰子里,在公牛的力量中,风中,在巴尔加鲁耶[2]中和在伐楼拿[3]之火中的万丈光芒"。这种"万丈光芒"与原始心理学所谓的"神力",与潜意识心理学中所谓的"力比多投入""情绪价值"或"情调"相对应。情绪强度是对原始意识起决定性作用的因素,其中,最异质的事物——雨、风暴、火、公牛的力量和充满激情的骰子游戏——都可以是相同的。在情绪的强度上,游戏与赌徒不谋而合。

这一连串的思路或许有助于解释这幅画的情绪,它表达了释放和解脱。病人显然觉得,这一刻仿佛获得了神一样的呼吸。正如《博伽梵歌》所指明的那样,克利须那神是自性,与病人的男性意向相一致;当黑影、阴暗面尚未被充分意识到,这种认同就会经常发生。在每一个原型中,男性意象阿尼姆斯

---

[1] 是四大吠陀经的第四部。其梵文是由"僧侣"和"知识"两个词根构成的复合词,古印度的医学正起源于此。——译者注
[2] 印度吠陀神话中的雨神。
[3] 伐楼拿(Varuna),亦译作婆罗那,即天神,是掌管法规与阴间的古印度神明,在吠陀时期也是天空、雨水及天海之神。——译者注

都有两面神雅努斯[1]的面孔,除此之外,它仅受到男性原则的限制。因此,无论是上帝还是自性,他绝对不适合代表整体。要代表整体,他必须满足于成为二者之间的媒介。但这些印度神智学所概述的特征,通过某种心理短路,诱使病人至少暂时地让男性意象阿尼姆斯与整体性相认同,并把他自身置于自性的位置。

图 30

这是图 2 的画者,以不同的形式所展示的与图 29 主题相同的画。这棵光秃秃的装饰性的树是高度抽象的,画中穿着僧袍的地精样子的人也是如此,伸展的双臂表达了平衡和十字架的主题。人物形象的模糊性,一方面由从上面飞下来的鸟强调[2],这只鸟画得像是一朵奇异的花;另一方面由从根部上升起的明显像是阳具的箭头强调。因此,精怪代表了左与右的平

---

[1] 雅努斯(Janus)是罗马神话中(本土)最原始的神,通常被描述为拥有前后两张面孔,能够回望过去和展望未来(也有四张面孔朝向四方的说法)。——译者注
[2] 参见"树上的鹳",下文的第415节。

图30 由绘制图2的同一位病人绘制。一棵风格化的世界之树将一条下垂的多彩带子覆盖在地球上。树干是一个精怪似的男性形象,有一只鸟从上面飞下来,一个阳具的象征从下面升起

衡，以及理智与性欲的统一，就像炼金术中以哲人石的形式表现出来的墨丘利斯的双重性一样，是四种元素的四位一体。那贯穿地球的条纹带子，让我想起了在《自性化过程研究》中所论述的水银带[1]。在那项研究中，病人自己也认为那是水银。

炼金术中墨丘利斯这个概念完全源自男性心理学，象征着一个男人在理性与性之间的典型对立，因为缺乏将二者结合起来的女性厄洛斯[2]。图中的阿尼姆斯，是女性在自性化过程中，从心灵结晶出来的一种纯粹的男性心理。

图31

这是前面（图30）那位病人的刺绣作品。这棵树变成了一株盛开的莲花，花朵里坐着地精样子的人，这提醒我们莲花是众神的诞生地；这两幅图很明显受东方的影响，但与我们在图28和图29中看到的不同。这不是西方人在模仿和学习东方的印度神智学。这位病人出生在东方，她虽然没有自觉吸收东方

---

[1]《自性化过程研究》，第292页。
[2] 厄洛斯（Eros），希腊神话中的爱与情欲之神。——译者注

图31 由同一位病人绣制。树变成了一朵莲花,里面有一个地精似的形象。他的头被一个中心呈花朵状的曼荼罗包围,四周环绕着一个花环或花冠

的神智学,但在她内心深处,却被神智学彻底渗透了,这对她的心理平衡造成了令人不安的影响。

在这幅图中,精怪明显处于更后面的位置,但树冠已经生长得丰富:叶子和花朵出现了,围绕着一个像花一样的中心,形成了一个花环,一个花冠。炼金术士们所使用的王冠或"汝心之王冠"(diadema cordis tui)这个术语,其意思正是象征完美。在图中,王冠作为树形所象征的发育过程的顶点或终点,以曼荼罗、中国的"太乙金华"和西方炼金术中"蓝宝石花"的形式出现。阿尼姆斯不再占有自性的位置,而是被自性超越。

图 32

我有些犹豫地复制了这幅图,因为它与其他图不同,也就是说,从病人不受阅读或道听途说的影响的角度来说,它的材料并不"纯净"。但它仍然是"真实的",它是自发产生的,并以与其他人一样的方式表达了一种内在体验,只是她的表达更清晰,更形象,因为这位病人更能用好自己的想法来突出主题。因此,这幅画结合了大量的材料,但在这里,我不想评价,因为它的基本组成部分已经在相关文献中有过讨论,或者在别的

图32 在这里,树又被画得像一朵花,象征着许多对立物的统一。下面是一只天鹅和一只猫一样的生物;然后是亚当和夏娃,正羞愧地掩着脸;然后是一只叼着鱼的翠鸟和一条三头蛇;中间是《以西结书》的四个天使,其两侧是太阳和月亮;然后是光明之花,里面有一个戴着王冠的男孩;顶部是一只鸟和一个闪亮的蛋,一条戴着王冠的蛇,还有两只手从一个罐子里往外倒水

文献中也能找到。无论如何,这棵树的真实构成元素是原创的。我复制这幅图,只是为了表明,象征对图中的结构产生了什么影响。

在此,我将以一个自发的树象征的文学作品来结束对这一系列图画的讨论。诺埃尔·皮埃尔,在他的诗歌《黑太阳》(1952)中描述了一种真实的潜意识体验:

绉纱密布,裹着薄雾的水帘洞

打着呵欠,那儿

拥挤着从四面八方接踵而至的游客。

我混迹其间,螺旋式的旋转

在一只漏斗中吞噬着人潮,

中心是一棵巨大的梓树,

它的每一个枝干,都悬挂着死者的心脏,

它的每一个岔口,都栖息着机巧的圣婴。

他注视的目光总在闪烁。

底部湖水荡漾

万物的中心是多么宁静!

在我的生命之树下,最后的河流

环绕着岛屿,在迷雾中

一团灰色的岩石升起

这坚实的堡垒,恰似世间圣地。[1]

诗中所描述的主要是:(1)人类聚集的普遍中心。(2)螺旋式旋转[2]。(3)生死之树。(4)心脏与树的结合成为人类生命力的核心[3]。(5)以圣婴喻指自然的智慧。(6)岛屿即是生命之树的根基。(7)立方体,即哲人石,同时也是被树守护的宝藏。

---

[1] 摘自16—17小节;经皮埃尔·瑟洁出版社的善意许可。
[2] 通常以蛇为表征。
[3] 参见图14、15、17中那些心形的叶子和花朵。

卷二 树象征的历史与解读

1 树的原型意象

本书第一部分给出了自发产生的树象征的例子，在第二部分中，我想谈谈树象征的历史背景，以证明我的标题"智慧树"存在的合理性。对熟悉树象征材料的人来说，我的这些例子只不过是被广泛接受的树象征意义的一些特殊例子，但在解释个体象征时，了解它们的历史渊源显然也很重要。像所有原型意象一样，树的象征意义也经历了几个世纪的发展。它与萨满树的原始含义相去甚远，尽管某些基本特征被证明是很难改变的。潜藏在任何原型意象背后的精神形态，在其发展的所有阶段中都保留着自身的特性，尽管从经验的观点来看，它可能会有无尽的变化。随着时间的推移，树意象的外在形态可能会发生变化，但它象征的丰富性和生命力则更多地表现在意义的变化上。因此，在意义层面才可能发现树象征的现象学[1]本质。

---

[1] 现象学是一种通过"直接的认识"描述现象的研究方法。它所说的现象既不是客观事物的表象，亦非客观存在的经验事实或马赫主义的"感觉材料"，而是一种不同于任何心理经验的"纯粹意识内的存有"。——译者注

一般来说，对其意义最常见的联想是：成长，生命，在物质和精神意义上的形式展现，发育，自下而上和自上而下的成长、母性（诸如保护、荫蔽、遮蔽、滋养果实、生命之源、坚定、永恒、身强体壮，以及"牢固地根植于原地"等），高寿，品格[1]，最后是死亡和重生。

这些特征是我多年来对个体患者的陈述进行研究的沉淀。即使是外行人，在阅读本书时也会被这些插图中大量源自童话、神话和诗歌的材料所震撼。更令人惊讶的是，我询问过的人却很少有人能意识到这种来源。可能的原因是：（1）一般人对意象的来源知之甚少，对神话主题更是少有人思考；（2）人们已经遗忘了这些来源；（3）这些来源在任何意义上都不是有意识的，也就是说，这些意象总是新的、原型的创作。

第三个原因出现的可能性远没有人们想象的那么罕见，相反，它发生得很是频繁，以至于在阐释潜意识的自发产物时，

---

[1] 在尼布甲尼撒的梦中，这位国王自己就是一棵树。有一种非常古老甚至原始的观念，认为树实际上代表了人的生命；例如，一棵树是在孩子出生时种植的，它和孩子的命运就是一样的。"因此，树是我们现状的映射和镜像。"

对象征进行比较研究不可避免。人们普遍认为,神话主题[1]总会与传统联系,但这一观点显然站不住脚,因为一切神话主题都可能在任何地方、任何时间、任何个人身上重现,而且与传统无关。当某种意象以相同的形式和意义出现在人类的历史记述中时,它就可以被视为是原型。在这里必须分出两种极端:(1)这一意象是被明确界定的,并且在有意识地与传统联系;(2)这一意象被确定是独创的,没有任何与传统联系的可能[2]。在两种极端之间,可能会发生不同程度的相互影响。

由于意象具有集体性,因此从单一个体的联想材料中确定其全部意义往往是不可能的。但是由于在实际治疗中,这一点对达成治疗的目的非常重要,所以,从医学、心理学的角度对象征的意义进行比较研究也非常必要[3]。为此,研究者必须回到人类历史上那些象征的形成未受阻碍的时期,也就是说,

---

1 包括修辞手法。

2 要证明这一点并不总是容易的,因为传说往往存在于潜意识中,但又能通过潜在记忆(cryptomnesically)被回忆起来。

3 这种关系类似于比较解剖学与人体解剖学之间的关系,不同的是,在心理学中,比较研究的结果既具有实践意义,又具有理论意义。

当时意象的形成还没有受到认识论[1]的批判,因此,那些他们本身都未知的事实得以用明确的视觉形式表达出来。这类时期中,与我们最接近的是中世纪的自然哲学时期。自然哲学在17世纪发展到了顶峰,在18世纪逐渐让位给科学领域。这个时期,科学在炼金术和炼金术哲学方面取得了最重大的发展;在这里,收集了古代世界那些最持久和最重要的神话主题,就像水被收集在水库中。重要的是,炼金术哲学主要是由医生来实践的[2]。

2 约多库斯·格雷韦鲁斯著述中的树

我现在想展示的是,树的现象学是如何在刚才提到的那个

---

[1] 认识论(epistemology),哲学分支学科,即个体对知识和知识的获得所持有的信念,主要包括有关知识结构和本质的信念,以及有关知识来源和判断的信念,这些信念在个体知识建构和获得上有调节和影响的作用。——译者注

[2] 我们之所以这样说,不仅是因为许多著名的炼金术士都是医生,而且因为当时的化学知识基本上等同于药典。探索的对象不仅仅是可饮用的哲学之金子(aurum philosophicum seu potabile),还有万能药(medicina catholica)、灵丹妙药和解毒药。

时代之前的媒介中反映出来的。霍姆伯格[1]曾对生命树进行了全面的研究，他说这是"人类最宏伟的传奇"，从而证实了树在神话中的中心地位，而且流传得如此广泛，以至于它的分支随处可见。树经常出现在中世纪炼金术的文本中，通常代表着神秘物质的生长及其向哲学之金子（或任何目标物）的转化。我们在贝拉基的论著中读到，佐西莫斯曾说过，这种转化过程就像"一棵受到精心照料的树，一株被浇灌的植物，因为水分充足而开始成长，在潮湿温暖的空气中发芽，凭借着大自然的美妙温柔和独特性质而开出花朵、结出果实"[2]。

这一过程的一个典型例子可见于1588年约多库斯·格雷韦鲁斯在莱登首次出版的论著[3]。整个过程被描绘为在精心照料的花园里播种和培育树，任何无关的东西都不能进入。土壤由纯净的水星（墨丘利斯）组成，土星（萨杜恩）、木星（朱庇

---

1 参见霍姆伯格著的《生命树》，第9页。
2 贝特洛编，《古希腊炼金术士文集》，第4卷第1章第12节。
3 "秘密贵族和真正的贵族统治着我们希腊的长老会"，《炼金术剧场》第3次重印版（1659年），第699—722页。

特)、火星(玛耳斯)和金星(维纳斯)构成了树干[1],太阳和月亮为它们提供种子。这些行星的名称部分指向对应的金属,但我们可以从作者的描述性话语中看出它们的意思:"因为能进入这部作品的不是普通的金银,也不是普通的水银,更不是任何其他普通的东西,而是哲学家的'金属'。"[2]因此,这件作品的成分可能是任何东西。无论如何,它们都是想象出来的,尽管表面上看它们是由化学物质表达出来的。这些行星的名称最终指的不仅是金属,而且,正如每个炼金术士所知道的,指的是(占星术的)气质,也就是说,是一种心灵因素。这些因素还包括本能倾向,会引起特定的幻想和欲望,从而揭示其性格特征。贪婪作为皇家艺术的原始动机之一,在非凡的黄金(aurum non vulgi)这一术语中仍然是明显的,我们也正是在这

---

[1] 这个文本中写道:"萨杜恩、朱庇特等,它们都是树干",这可能意味着有好几个树干,或者树干由这四部分组成。显然,曾引用过格雷韦鲁斯言论的迈克尔·梅耶(《炼金术的象征》,第269页)也不清楚这一点,因为他把墨丘利斯是树根,萨杜恩、朱庇特、玛耳斯和维纳斯是树干和树枝,太阳和月亮是树叶和花的观点归于格雷韦鲁斯。在我看来,他正确地将这四者理解为经典的四体生物(见下文P77)。
[2] 见瑞士哲学家希瑟拉·博克的《秘密》,第700页。

里隐约看见了动机的变化以及目标向另一个层面的转移。在这篇论著的结尾出现的寓言中,一位智慧老人对一名匠人说:"孩子,将世俗欲望的圈套放至一边吧。"[1] 即使此时——这种情况无疑经常出现——作者提供的程序除了生产普通的金子之外,并没有其他目的,但这一过程的精神意义还是通过作者使用的象征性术语得以体现,而不论他的意识态度如何。在格雷韦鲁斯的这篇论著中,这一阶段已经被克服,他公开承认,这一过程的目标"与世俗的世界无关"。因此,在关于"我们研究的普遍过程"[2] 的论著的结论中,他宣称:"这是上帝的礼物,包含了神圣三位一体的不可分割的秘密。哦,最伟大的科学,自然万物及其分解的剧场,世俗的占星术[3],正是上帝无所不能的证明,是死人复活的见证,是罪得赦免的例子,是审判将至的可靠证明,是永恒福音的写照。"[4]

---

1 见《秘密》第720页。

2 见《秘密》第721页。

3 "解剖学"(anatomia)和"地上的天文学"(astrologia terrestris)是帕拉塞尔苏斯学派特有的概念。因此,这篇论文完成的最早日期是16世纪下半叶。"地上的天文学"也可以翻译成帕拉塞尔苏斯的"世俗领域"(earthly firmament)。

4 见《秘密》第721页。

现代读者读到这像赞美诗般的颂歌,难免会觉得它言过其实,太过离谱;因为人们无法想象,例如,炼金术科学怎么会包含神圣的三位一体呢?这种与宗教奥秘的热烈比较,早在中世纪就引起反感了[1],但这绝非罕见,甚至在17世纪它们就成了某些论著的主题。然而,在13世纪和14世纪就有先驱者讨论此议题。在我看来,它们不应总是被视作虚假的神秘事物,因为这些论著的作者心中有数。他们显然看到了炼金过程和宗教思想之间的相似之处——这一相似之处我们肯定无法立即察觉。只有当我们考虑到二者的共同因素时,才能在这两个截然不同的思想领域之间架起一座桥梁:公比(tertium comparationis)就是心理因素。如今,形而上学的哲学家们依然会认为自己的论述绝不仅仅等同于拟人论[2],同样,炼金术士也会为自己辩护,因为有人指责他关于化学物质的观点只是

---

[1] 参见巴塞尔印刷商康拉德·沃洛克奇拒绝在《金银花》中收录《曙光乍现》一事。《心理学与炼金术》,第464页。
[2] 拟人论(anthropomorphisms),又称作拟人观,常出现在对动物、自然力量或命运主宰等描述的理解上,以人类的能力、行为和经验等特质的术语套用于"非人类生物";曾在比较心理学上占有一定地位。——译者注

幻想,他对此感到愤慨;正如炼金术士无法区分事物的本质和他对事物的观念一样,现代形而上学哲学家也仍然认为他的观点有效地表达了他们的形而上学目的。显然,他们谁也没有想到,自古以来,人们对他们各自的目的一直持有各种各样的看法;但与形而上学哲学家不同,特别是与神学家不同,炼金术士们没有表现出爱辩论的倾向,他们最多只是为他们无法理解的那些作者的晦涩文字感到惋惜。

每一个理性的人都清楚,在这两种情况下,我们主要关注的是源于幻想的观念——这并不是说他们的未知对象不存在;不管这些观念指的是什么,它们总是由相同的心理法则组织起来的,也就是说,依靠原型来组织。当炼金术士们坚持认为他们的观点与宗教思想之间有相似性时,当格雷韦鲁斯将他的综合过程与三位一体相比较时,他们以自己的方式认识到了这一点。在本例中,共同原型是指数字 3;作为一个持有帕拉塞尔苏斯[1]观点的人,他一定熟悉帕拉塞尔苏斯关于硫黄、盐和水

---

[1] 帕拉塞尔苏斯(Paracelsus,1493—1541年),瑞士医药化学家,被戏称为"被煤烟熏出来的经验主义者"。在帕拉塞尔苏斯看来,构成世界的不是土、水、气、火四元素,而应该是硫黄、盐、水银。

银的"三位一体"。硫黄属于太阳或代表着太阳,而盐与月亮有相同的关系,只是,关于这种"三位一体",他只字未提[1]。太阳和月亮提供种在地上的种子(即墨丘利斯),由此推测,其他四颗行星形成了树干;而这四种可以结合成一体的东西指的是古希腊炼金术中的四体生物,与这些行星相对应,它们代表铅、锡、铁、铜[2]。因此,正如迈克尔·梅耶[3]正确理解的那样[4]:在格雷韦鲁斯进行统一或合成(henosis)的过程中,他脑中所想的不是帕拉切尔苏斯的那三种基本物质,而是古老的四体生物,并且在他的论文结尾,他将它与"人们在圣三位一体中的合一"相比较。对他来说,太阳、月亮和墨丘利斯的三位一体是起点,也可以说是最基本的材料,因为它象征着树的种子和它所播种的土地——也就是所谓的三位一体的化合;

---

[1] 然而,格雷韦鲁斯确实提到,金、银和汞是必须首先制备和纯化的初始成分,以便"共同物质"(vulgaria)可以变成"物理的物质"(physica)(p. 702)。在这里,"物理的"是指非世俗的(non vulgi),即象征性的。

[2] 贝特洛著,《炼金术的起源》,第59页。

[3] 迈克尔·梅耶(Michael Maier, 1568—1622年),一位德国医生,也是鲁道夫·哈布斯堡二世的顾问。他是一位博学的炼金术士、警句作家和业余作曲家。——译者注

[4] 参见本节第2段(P73注1)中的注释。

但在这里,他关注的是四位一体的化合[1],这四种物质由此结合在"人的统一"之中。这是一个典型的三和四之间两难困境的例子,在炼金术中扮演着重要的角色,就像先知玛丽亚著名的公理一样[2]。

3 四体生物

四体生物的目的,是将对立的四种物质还原(或合成)为统一体。这些行星的名称本身,就代表有两个二分体,一个是仁慈的(木星和金星),另一个是邪恶的(土星和火星),这两个二分体通常构成炼金术的四位一体[3]。佐西莫斯对制备这种气

---

[1] "三位一体的化合:三位一体的统一,由身体、精神和灵魂组成……因此,三位一体本质上是一个统一体,因为它们是持久共存且位格平等的。四位一体的化合被称为对这些原则的修正。"——"哲学家的尺度",摘自《炼金艺术》第二章,第138页。四位一体的化合被称作"最高贵的化合",因为它通过四种元素的结合来生产哲人石。
[2] 《心理学与炼金术》,第26章第209节。
[3] "在我们的作品中,有两种土和两种水。"——"哲学家的尺度",摘自《炼金艺术》第2章第137页。

味（tincture）所需要的转化过程做了以下描述：

> 你需要一种由两具实体构成的土，和一种浇灌它的由两种性质形成的水。当水与土混合时……太阳必定会作用于这块泥土，把它晒成石头；这块石头必须烧制一下，这种煅烧将揭示出该物质的秘密，也就是说它的精神，这就是那种气味[1]，为哲学家们所寻求的气味[2]。

如上文所示，合成依赖于成对二分体的统一。这一点，在同一观念的另一原型形式中表现得尤为明显：在皇室婚姻的结构中，遵循的是表亲婚姻的结构[3]。

通常，哲人石是由四位一体的基本成分，或八位一体的成分再加上性质（冷/暖、湿/干）综合形成的。相似的，从古代起就以双性别闻名的墨丘利斯，就是一种神秘物质，通过这种

---

[1] 根据"克拉提士之书"，这种气体是一种"燃烧着的、气态的有毒物质"。——贝特洛，《中世纪炼金术士文集》，第3卷第67页。
[2] 同上，第82页。
[3] 参见《移情的心理学》，第2章。

物质的转化,哲人石或这一过程的目标就得以产生。因此,在阿斯特拉姆斯的爱情魔法中,他对赫耳墨斯[1]的祈祷是这样说的:

你的名字……在天堂的四个角落。你的形状,我知道:在东方,你有朱鹭的形状;在西方,你有狗头狒狒的形状;在北方,你有蛇的形状;但是在南方,你有狼的形状。你种的是葡萄[2],葡萄所在的地方就有橄榄[3]。我也知道你的树林:里

---

[1] 希腊神话中的赫耳墨斯对应罗马神话中的墨丘利斯。——译者注

[2] "葡萄"(vitis)是古代晚期赋予智慧树的名字,而巨著们被称为"葡萄酒"(vindemia)。佐西莫斯引用的奥斯坦尼斯语录(贝特洛,《古希腊炼金术士文集》,第3卷第6章第5节)说:"压榨葡萄。"参见霍格兰德的《炼金术剧场》,第1卷(1659年)第180页:"人的血液和葡萄的红色汁液就是我们的火。""赫耳墨斯葡萄"(Uvae Hermetis)即"哲学水"(罗兰德版,《辞典》第325页)。关于"真正的葡萄",参见《曙光乍现》中的解释(《炼金艺术》,第1卷第186页)。"葡萄酒"(vinum)经常是永恒之水(aqua permanens)的一个同义词。参见《葡萄酒酿造者赫耳墨斯》,摘自贝特洛的《古希腊炼金术士文集》第6卷第5章第3节。

[3] 将橄榄等同于葡萄,是因为两者都可以经过压榨产出珍贵的汁液。

面生长着乌木树等[1]。

四位一体的墨丘利斯也是树或植物精灵（spiritus vegetativus）。正如上述特征所示，一方面，古希腊时期的赫耳墨斯是一位包罗万象的神，另一方面，作为三重伟大的赫耳墨斯[2]，他又是炼金术士们的最高权威。在埃及人引入的希腊文化中，赫耳墨斯的这四种形态显然来自荷鲁斯的[3]四个儿子；早在第四和第五王朝的金字塔文本中，就提到过一个有着四张脸的神[4]。这些脸显然指的是天国的四个方位——也就是说，

---

[1] 普赖森丹茨（Preisendanz），《魔法纸》第2卷第45页。
[2] 赫耳墨斯·特利斯墨吉斯忒斯（Hermes Trismegistus），一般译作"三重伟大的赫耳墨斯"，传说融合了赫耳墨斯、墨丘利斯和透特的三重神性；被认为是《翠玉石板》（最早记录炼金术，探讨神性、宇宙、自然、占星术及炼金术的神秘主义作品）的作者。——译者注
[3] 荷鲁斯（Horus），古埃及神话中法老的守护神，同时也是复仇之神，是王权的象征，手持能量手杖与生命符号，是冥王奥西里斯和伊西斯之子。——译者注
[4] 佩皮一世的金字塔文本："向你致敬，哦，你有四张脸，轮流休息和观看着肯赛特中的一切……"（贝奇，《埃及诸神》，第1卷第85页）。肯赛特是古埃及的第一个省（地区），是第一大瀑布所在的地区（同上，第2卷第42页）。

神能看到一切。巴奇指出,在埃及《亡者书》的第112章中,有同一位神以长着四个头的门德斯公羊的形象出现[1]。原始的荷鲁斯代表天国的面目,他垂下长长的头发遮住了自己的脸,这些发丝则与空气之神舒(Shu)的四根柱子有关——这四根柱子支撑着天空的四角。后来,这四根柱子与荷鲁斯的四个儿子联系在一起,由荷鲁斯的四个儿子取代了天国四方的旧神:哈碧(猿首神)对应于北方,多姆泰夫(豺首神)对应于东方,艾姆谢特(葬礼之神)对应于南方,凯布山纳夫(鹰首神)对应于西方。他们在对亡灵的祭拜中扮演着重要的角色,并看守着死者在冥界的生活;其中,死者的两只胳膊对应着哈碧和多姆泰夫,两条腿对应着艾姆谢特和凯布山纳夫。古埃及的四位一体也由两个二分体组成,从《亡者书》的文本中可以明显看出:"然后荷鲁斯对太阳神拉[2]说,给我两个来自佩城的神圣

---

[1] 《埃及诸神》,第1卷第496页插图,见同一本书,第2卷第311页。
[2] 拉(Ra)是埃及的众多太阳神之一。随着古王国第五王朝的崛起,拉从赫里奥波里斯(希腊语"太阳城")的地方神,一跃为全埃及的神。传说拉每晚日落之后进入天空女神努特之口,次日早晨又从她的阴门中重生。

弟兄和两个来自尼肯城的神圣弟兄,他们是从我的身体中(诞生)的。"[1] 这种四位一体,实际上是死者祭礼中的一个主题:四个人抬着棺材,带着四个卡诺皮克罐,有四只献祭的动物,所有的礼器和器皿都是四份,程式和祈祷都重复四次,等等[2]。由此可以明显看出,这种四位一体对死者极其重要:荷鲁斯的四个儿子必须确保身体的四个部分(即整体)得以保存。荷鲁斯和他的母亲伊西斯[3]生下了他的儿子,这种乱伦的主题,可以追溯到古埃及,后来在基督教的传说中也继续存在,并延伸到中世纪晚期的炼金术中。荷鲁斯的四个儿子,常常站在他们的祖父奥西里斯(冥王)面前的莲花上,梅萨[4]长着人类的头,哈碧长着狒狒的头,多姆泰夫长着豺狼的头,而凯布山纳夫则长着鹰的头。

这与《以西结书》(第1章和第10章)中的幻想显然有相

---

[1] 《埃及诸神》,第1卷第497页。
[2] 同上,第1卷第491页。
[3] 伊西斯(Isis),古埃及神话中生命、魔法、婚姻和生育的女神,不仅在古埃及是最重要的一位神,也影响到包括古希腊、古罗马等西方世界的其他地区。——译者注
[4] 艾姆谢特神后期的一种形象。

似之处。四个基路伯[1]具有"人的形象";他们各有四张脸:一张人脸、一张狮子脸、一张牛脸、一张鹰脸,就像荷鲁斯的四个儿子一样,一个方位是人,其他三个方位是动物。另一方面,在阿斯特拉姆斯的爱情魔法中,所有四种形象均为动物,这也可能是因为这类咒语的魔法含义[2]。

在以西结的幻想中,有 4×4 张脸,这与埃及人偏爱 4 的倍数是一致的[3]。此外,每一个天使都有一个轮子。在后来的评注中,这四个轮子被解释为梅尔卡巴,即战车[4]。舒神的四根柱子对应着荷鲁斯的四个儿子——他们是四个方位的神,托

---

[1] 基路伯,在《圣经》的不同章节中,对基路伯的描述或有差异,但均为形容一种具有人类和动物特征的有翼生物,在普遍的基督教传中,"基路伯"与"天使"被认为是同义词。——译者注

[2] 人头表明对个体心理某一方面或某种功能的意识。荷鲁斯作为初升的太阳,是启蒙者,正如以西结的幻想意味着启蒙。另一方面,如果想使魔法有效,就必须以无意识为前提。这可以解释人脸的不存在。

[3] 参见《自性的象征》,其整体以四个一组为特征。《永恒之岛》,第242页及以后。

[4] 印度的宝塔实际上是诸神乘坐的石头战车。《但以理书》7:9中说:"有宝座设立,上头坐着亘古常在者。"

着天空的底部——"在基路伯的头上，有一片颜色如可畏的水晶般的苍穹"。上面矗立着他的宝座，他拥有"人的外表"，与奥西里斯相似，在老荷鲁斯和塞特神的帮助下，爬上了天国。

基路伯的四个翅膀使人想起保护法老棺材的有翅膀的女精灵。荷鲁斯的每一个儿子都有一位与之对应的女性角色，履行同样的守护职责。天使也是保护神，《以西结书》28：14和16中清楚地表明了这一点[1]。四位一体的辟邪意义在《以西结书》9：4中得到了证实：先知奉上帝的命令，在义人[2]的额头上画了一个十字[3]，以保护他们不受惩罚。这显然是上帝的记号，而上帝本身具有四位一体的属性，十字是受他保护的人的标志；作为上帝的属性及其本身的象征，四位一体和十字就意味着整体性。因此，诺拉主教圣保林说：

[1] "一个天使伸展并保护""遮掩约柜的天使"。
[2] 义人：《圣经》中所说义人，指遵行上帝旨意，守上帝节期和律法，领受完全真理的人。
[3] 以西结书9:4，耶和华对他说："你去走遍耶路撒冷全城，那些因城中所行可憎之事叹息哀哭的人，画记号在额上。""记号"一词在拉丁文《圣经》中写作"Thau"，早期基督徒使用呈"T"字形的十字架，是以把"记号"（Thau）译为"十字"。——译者注

他在十字架上，向世界的四个方位伸展开，这样他就可以聚集万民，使他们得生命；又因我们的上帝耶稣基督借着十字架上的死，向众人显明了万事，使生命得以生起，邪恶得以灭尽，A和Ω站在十字架旁边，每个字母以三个笔画表现出一个三位一体的不同形象，单一的意义以三位一体的形式得到完善。[1]

在潜意识的自发象征中，四位一体的十字指的是自性，是人的整体性[2]。因此，十字的记号是一种完全或成为完全的治愈效果的指示。

1《卡尔米纳》，第19章第640节（米涅，P. L .，第61卷，第546小节）：
十字架分为四棵树的四角，四棵树的尽头是地的一半，从各方面引导人们走向生活。因为你们中间死了的人，凡把主钉十字架的，都是基督。
在我们的生命中，我们将永远铭记在心，字母的阿尔法环绕着十字架和Ω，字母的三个分支被分成三张不同的三角形。
很好，因为一个月已经过去了，所以你需要三个月。
2 参见"关于曼荼罗的象征"。

在但以理[1]所见的异象[2]中也出现了四样动物。头一个像狮子,"用两脚站立,像人一样,又得了人心"。第二个像熊,第三个像豹子,第四个是"恐怖又可怕"的野兽,长着"大铁牙"和"十个角"[3]。只有对狮子的特殊描述,才在某些方面使人想起四形生物中的人类部分。这四种动物都是掠食猛兽,或者用心理学的术语来说,它们屈服于欲望,从而失去了天使的特性,以及在最坏的意义上说——变成了恶魔。它们代表了上帝四位天使的消极和毁灭性的方面,正如《以诺书》所示,它们构成了上帝的内廷(inner court)。这种退行与魔法无关,而是表达了人或某些强力个体的魔鬼化。因此,但以理把这四只猛兽解释为将从世上兴起的四位王(7:17);继而他解释说(7:18):"然而至高者的圣民,必要得国享受,直到永永远远。"就像有人心的狮子一样,这种令人惊讶的解释是基于四位一体的积极面,指的是一种蒙福的、受保护的状态;此时

---

[1] 是《圣经》中的一位先知。从巴比伦伯沙撒到波斯米底亚双元帝国,但以理一直都备受重用,在其后的波斯帝国也受任官职。——译者注
[2] 在基督教中,异象指上帝启示于人的奇异和不平常的景象,既包括超自然的异象,也包括潜意识中的一种超理性的领悟。
[3]《但以理书》7:4。

四位守护天使统治着天国，四位正直的国王管理着全地，圣民都得着国位。但是这种幸福的状态即将消失，因为四位一体中的第四只野兽已经变成了怪物，它有十个角，代表着"世上必有的第四国，与一切国大不相同，必吞吃全地，并且践踏嚼碎（7：23）"。换言之，对权力的巨大欲望将使人类的部分再度沉没于潜意识，这是在个体和集体中都能经常观察到的一个心理过程。在人类历史上，这种情况已经重现过无数次。

根据《但以理书》和《以诺书》的描述，上帝之子这个四位一体形象很早就渗透到基督教的意识形态中了。有三部对观福音书和一部圣约翰福音书，它们被认定为基路伯的象征。这四部福音书就像是基督宝座的四根支柱，在中世纪，这个四联像成了供教会骑乘的动物。但诺斯替主义盗用了这种四位一体的思想。这一主题影响深远，无法在此细论。我只想提请大家注意耶稣基督、逻各斯[1]和赫耳墨斯的同义性[2]，以及耶瓦伦

1 是古希腊哲学、西方哲学和基督教神学的重要概念，在古希腊文的一般用语中有"话语"的意思；在哲学中表示支配世间万物的规律或原理；在基督教神学中是耶稣基督的代名词，也是万物规律的源头，在《新约圣经》中译为"道"。——译者注
2 参见《永恒之岛》，第208页及以后。希波吕托斯，《埃伦科斯》，第4章第7节第29小节。

廷派关于耶稣从所谓的"第二个四分体"[1]中诞生的看法。"因此,我们的主在他的四个部分中保全了四分体的形式,并且由下列四部分组成:(1)来自阿卡莫特的精神;(2)来自创世者的心理;(3)以不可言喻的艺术制备的身体;(4)神,救世主。"[2]

因此,炼金术的四体生物及其还原统一有一个漫长的史前期,甚至它可以追溯到毕达哥拉斯[3]的四面体之前,直至古埃及时期。从这一切,我们不难看出,我们所面对的是一个被分为四部分的整体意象的原型。由此产生的概念,总是具有核心性质,具有神圣人物的特征,其特性被留存下来,带到炼金术的神秘物质中去。

经验心理学的任务,不是去阐释或证实这个原型可能具有的形而上学意义。我们只能指出,在梦和幻想等自发的精神产物中,是同样的原型在起作用,并且在原则上,一遍又一遍

---

[1] 《埃伦科斯》,第6章第51节。
[2] 乌塞纳,《平安夜》,第149页。
[3] 毕达哥拉斯(Pythagoras,约前580—约前500年),古希腊哲学家、数学家、音乐理论家;他痴迷甚至是崇拜数学,认为数学可以解释世界万物的一切。——译者注

地产生扎根于本土的同样形象、意义和价值观。任何一个公正地研究上述一系列梦境图画的人,都会相信我的结论是正确的。

4 整体性意象

在附带讨论了密封的(Hermetic)[1]四位一体的历史之后,且让我们回到炼金术中的整体性意象上来。

最常见和最重要的奥秘之一就是永恒之水,也就是古希腊的硫黄水。根据古代及后来的炼金术士们的一致证言,这也是墨丘利斯的一个方面,佐西莫斯曾在他的片段作品《硫黄》中如此描述这种神水:

1 Hermetic,密封的,来自希腊语Hermes,赫耳墨斯是古希腊神话中的智慧、艺术与技艺之神,与埃及神透特(Thoth)一起被古代的柏拉图主义者、神秘主义者和炼金术士奉为祖师。赫耳墨斯常被称为"三重伟大的赫耳墨斯"(Hermes Trismegistos),即Thrice-Great-Hermes,一种在炼金术中发明的密封玻璃管也因此得名。

这就是人们所寻求的伟大而神圣的奥秘,因为它就是整体。整体性从它而来,且穿越其中。两种性质,一种物质。然而,一种(物质)吸引一种,而一种又支配一种。这就是银水,男人和女人,永远在逃离。……因为它不受支配,它是万物中的整体性。它有生命和精神,且具有破坏性。[1]

关于永恒之水的核心意义,我必须请读者参考我早期的著作[2]。"水"是炼金术的奥秘,就像墨丘利斯、哲人石、哲人之子(filius philosophorum)等一样,它是一种整体性意象,正如上述佐西莫斯的引文所说,即使是在公元3世纪的希腊炼金术中也是如此。在这一方面,该文本毫无疑问地指出:水就是整体性。它是"银水"(即汞),但不是"永恒流动的水",即普通的水银——在拉丁炼金术中被称为粗野的墨丘利斯(Mercurius crudus),以区别于非凡的墨丘利斯(Mercurius non vulgi)。在佐

---

[1] 贝特洛编,《古希腊炼金术士文集》,第3卷第9章。参见前文关于"有毒的气味"的段落。
[2]《心理学与炼金术》,第336页及以后。

西莫斯的文本中,水银则是一种精灵体(spirit)[1]。

佐西莫斯的"整体"是一个微宇宙,是以物质最小的颗粒反映宇宙,因此存在于一切有机物质和无机物质中。因为微宇宙和宏观宇宙是等同的,前者吸引着后者,从而带来某种复兴(apocatastasis),使所有分离的部分恢复至原来的整体性中。因此,正如迈斯特·埃克哈特所说,"每一粒谷物都变成了小麦,所有金属都变成了黄金";渺小的、单薄的个体则变成了"伟大的人",至人或原人,即自性。就道德上来说,炼金(变贱金属为贵金属)等同于认知自我,这是对整体的人[2]的一种再记忆。奥林匹奥德鲁斯引用佐西莫斯劝勉人敬拜上帝的话时,说道:

如果你在与你的身体的关系上,能让自己冷静谦逊,那么,你也将在你与激情的关系上使自己平静,通过这样的行

---

[1] 贝特洛编,《古希腊炼金术士文集》,第3卷第6章第5节,参见前文"墨丘利斯的精神",第264页及以后。
[2] 参见《永恒之岛》,第162页。

动，你将把神性召唤到自己身上，事实上，无处不在[1]的神也将在你身上显灵。当你认识了自己，你也就认识了真实的上帝。[2]

希波吕托斯在他对基督教教义的描述中证明了这一点：

但你要与上帝说话，并且与基督同为后嗣。……因为这样你必成为上帝。因为无论你作为一个人经受过怎样的苦难，你都已经显明是一个人；但凡属神的，就是神应许赐给你的，因为你已经是神圣的了，因为你已生而不朽。这就是"认识自

---

[1] 紧接着前一段提到，上帝"无处不在"，但"不像魔鬼一样，存在于微末之处"。因此，上帝的属性之一是无限性，而其与魔鬼的区分标志是魔鬼具有空间上的有限性。这样，作为微观世界的人就被包含在魔鬼的概念中了，这在心理学上意味着一旦自我以其自我中心性强调它相对于上帝的独立性，那么这个从上帝中分离出来的自我就有可能成为魔鬼。如此一来，自性的神圣动力——与宇宙的动力是一致的——就被置于服务自我的位置，而后者已经成了魔鬼。这就解释了为什么那些被伯克哈特称为"伟大的掠夺者"的历史人物，其人格魔力十足。这些榜样真是可恶（*Exempla sunt odiosa*）！
[2] 贝特洛编，《古希腊炼金术士文集》，第2卷第4章第26节。

己",认识创造你的上帝。因为认识自己的,就是蒙召之人,叫他得以认识。[1]

在我看来,前述由约多库斯·格雷韦鲁斯的论著所引发的对树的相关背景的描述,似乎是讨论树在炼金术中的意义的必要前奏。这种全面的审视,可以帮助读者在炼金术观点和幻想的不可避免的混乱中不至于忽视整体。可惜的是,由于我不得不与其他研究领域作诸多比较,导致我的阐述变得不太容易理解。然而,这些都是不可避免的,因为炼金术士的观点在很大程度上是从潜意识的原型假设中衍生出来的,而这些假设,也构成了人类思想中其他领域的基础。

5 智慧树的性质与起源

在我的《心理学与炼金术》一书中,专门用了一章来阐述精神内容(幻觉、虚象等)的投射,因此不必在这里详述树象

---

[1] 《埃伦科斯》,第10卷第34章第4节(参见莱格《哲学家》第2章第178页)。

征在炼金术士中的自发产生。只需要说,这位内行的炼金术士在干馏釜中看到了树枝和细权[1],他的树就在那里生长和开花[2]。有人建议他默想树的成长过程,也就是说,用积极的想象力来强化它;这种异象正是我们歆求的东西(res quaerenda)[3]。这棵树的"制备"方式和盐一样[4]:就像这棵树在水里生长,它也在水里腐烂,用水"煅烧"或"冷却"[5]。它被称作橡树[6]、

[1] "身体分解后,有时会出现两根树枝,有时三根,有时更多……"(《炼金术剧场》,第1卷第1659节第147页及以后)
[2] "……它会在玻璃瓶里像树一样生长","它使其在玻璃瓶里向上生长,花也褪色了"(《关于一切化学的歌剧》,第86页)。"智慧树枝繁叶茂"("开胃导言",《摩西·赫密·蒂库姆》,第694页)。
[3] "《百合花》的作者西尼尔说,看到它(这件容器)比看到圣典更令人渴望。"(参见霍格兰德的《炼金术剧场》,第1卷第1659节第177页)。还可参见《心理学与炼金术》第360页。
[4] "盐和树可以在任何潮湿、方便的地方制成。"(《世界的荣光》穆斯·赫姆版,第216页)
[5] 《关于一切化学的歌剧》,第39—46页。参见《金黄色葡萄园》,穆斯·赫姆版,第39页。《赫密斯神智学博物志》第39页。《赫密斯神智学博物志》(*Musaeum Hermeticum*)是一部炼金术文献汇编。发行它的目的是将当时较新并相对简短的炼金术资料搜集成册。其阐述更加清晰明了,整体理念更倾向传统的炼金术大师的观点。——译者注
[6] 《关于一切化学的歌剧》,第46页。

葡萄藤[1]、桃金娘[2]。贾比尔·伊本·海杨谈到这种桃金娘时说："要知道，这种桃金娘是叶子和嫩枝；它是根又不是根，它既是根又是枝；作为根，如果把它与叶子和果实对比，它无疑是根。它与树干分离，成为深根的一部分。"他说，这种桃金娘就是"玛利亚[3]所说的金色铃铛，也是德谟克利特[4]所说的绿色小鸟。……之所以这样称呼它，是因为它是绿色的，又因为它像桃金娘一样，尽管冷热交替，也能长时间保持绿色"[5]。

---

1 "葡萄藤树"（vitis arborea），"雷普利卷轴"（大英博物馆，《斯隆手稿》，5025页）。"你不知道圣典都是用比喻写的吗？因为上帝的儿子耶稣基督遵循这个方法，并且说，我是真正的葡萄（树）。"（《曙光乍现》第2卷，《炼金艺术》第1卷第186页）《智慧树》（*Vitis sapientum*），同前，第193页。以及《炼金术剧场》第四卷（1659年）中的《赫耳墨斯文集》，第613页。

2 贾比尔·伊本·海扬，《东方、西方的水火石之书》，贝特洛编，《中世纪炼金术士文集》，第3卷第214页及以后。

3 先知玛利亚。

4 德谟克利特（Δημόκριτος，约前460—前370年），古希腊伟大的唯物主义哲学家，原子唯物论学说的创始人之一。——译者注

5 指的是拉丁炼金术中被赐福的草（viriditas benedicta），这里暗指树的果实的不腐性。

它有七根树枝[1]。

杰拉德·多恩谈到这种树时说：

当大自然把金属树的根栽在她的子宫里，它就成为那种产出金属、宝石、盐、明矾、硫酸、咸泉、甜泉、冷泉、暖泉、珊瑚树或白铁矿石[2]的石头，并且，把树干插在地里之后，这根树干就被分成了不同的分支，其实质是一种液体，但不是水的样子，也不是油，也不是黏土[3]，更不是泥浆，但也不能把它看作是地里长出来的树木，虽然它是从地里长出来的，但那又不是土地。它的树枝以这样一种方式伸展开来，一根树枝与另一根树枝相隔两到三个气候带覆盖的区域：从德国至匈牙利甚至更远的地方。就这样，不同树木的枝丫遍布整个地球，就像人体里的血管遍布肢体，而肢体彼此分离。

1 "盖伦谈到过这种智慧树，它有七根树枝。"（《炼金艺术》，第1卷第222页）
2 "白铁矿石，一种不完美的金属物质。"（罗兰德版，《炼金术辞典》，第217页。）在化学中，这是各种硫化矿物的一个总称。（李普曼，《炼金术的形成和传播》，索引。）
3 原文为"Lutum"，石膏或黏土，与毛发混合，用于密封容器盖（李普曼，《炼金术的形成和传播》，第1章第663页）。

树的果实掉下来，树本身也就死了，并在地上消失。"然后，根据自然条件，那里又会有一棵新的（树）。"[1]

在这篇文章中，多恩描绘了一幅令人印象深刻的图景，关于智慧树的成长、伸展、死亡和重生。它的树枝是贯穿地球的血管，就算它们延伸到地球表面最遥远的地方，它们也属于同一棵巨树，这棵树可以自我更新。显然，这棵树被视作一个血管系统；它由一种像血一样的液体组成，当这种液体流出时，就会凝结成树的果实[2]。奇怪的是，在古代波斯的传说里，金属与迦约马特[3]的血液有关联：他的血浸透了大地，变成了七种金属。

多恩在他对这棵树的描述后面附加了一个简短的观察，我

---

[1] "矿物系谱"，《炼金术剧场》，第1章（1659年）第574页。
[2] "他们的（那些果实的）凝结是瞬间发生的。"这些果实是"在树梢（locustae）的末端长出来的"。Locustae是树枝的尖端（罗兰德版，第209页："树的顶端或嫩枝"）。lũcusta这种形式似乎源自lucus，即"树丛"（森林，《拉丁语源辞典》，第1卷第818页）。
[3] 琐罗亚斯德教（古波斯帝国的国教）中人类的始祖，他的躯体化作地下矿物，黄金是他的种子，人类由此诞生。——译者注

不想对读者隐瞒这一点，因为它提供了重要的洞见，有助于我们了解炼金术思维的经典模式。他说：

这等事物来自真正的物理学和真正的哲学之源，通过对上帝的奇妙工作的冥想，关于那位至高无上的作者及其力量的真正知识便在哲学家的精神之眼中得以尽显，就连肉体之眼也能看见这道光。对于那些有眼的，凡隐藏的必被显露出来。但是，古希腊的撒旦在真正智慧的哲学领地里都植入了稗子（tares）[1]和稗子的假种子，即亚里士多德、阿尔伯图斯、阿维森纳[2]、拉西斯[3]，以及诸如此类敌视上帝之光和自然之光的人，从他们把索菲亚（Sophia）这个名字变成哲学（Philosophia）之时起，就扭曲了整个的物理事实。[4]

---

[1] 在文本中为淡黑麦草。
[2] 即伊本·西纳（980—1037年），一位内科医生，炼金术的反对者。
[3] 穆罕默德·伊本·扎科里亚·拉齐（公元925年），也被称为拉西斯，医生和炼金术士。在西方，他以他在拉齐尼乌斯的"光明书摘"而闻名，见《美丽的玛格丽塔》，第167页及其后。
[4]《炼金术剧场》，第1卷（1659年）第574页。

多恩是柏拉图主义[1]者,也是亚里士多德[2]的狂热反对者,很明显,他也反对科学实证主义者。他的态度基本与罗伯特·弗卢德对约翰·开普勒的态度相同[3]。从根本上说,这是关于普遍性的古老争论,是唯实论和唯名论之间的对立;现今,我们的科学时代已经做出了有利于唯名论倾向的决定。尽管科学的态度是在谨慎的实证主义的基础上用自己的术语来解释自然,但炼金术哲学为其自身的目的已经提供了一种解释,这种解释把心理包含在对自然的全面描述之中。实证主义者试图忘记原型解释原则,他们或多或少地成功了,也就是说,将原型作为认知过程的必要心理前提,或者为了有助于"科学客观性"而对它们施以压制。炼金术哲学家则把这些心理前提、原型,视

---

[1] 指柏拉图哲学,它以理念论为中心,是欧洲哲学史上第一个庞大的客观唯心主义体系,对后世西方哲学的影响极大。尤指宣称理念形式是绝对的和永恒的实在,这个体系还包括认为理念形式只能由灵魂认识等。——译者注
[2] 古希腊著名哲学家、科学家、教育家,被称作希腊哲学的集大成者,也是柏拉图的老师。——译者注
[3] 泡利,《原型思想对开普勒科学理论的影响》,载于荣格和泡利所著《自然与心灵的解释》。沃尔夫冈·泡利(1900—1958年),美籍奥地利物理学家,1945年获得诺贝尔物理学奖。

为经验世界图景不可分割的组成部分。多恩还没有被客体所支配,不可能忽略那些他认为是真实的、以永恒观念形式存在的、明显的心理前提。另一方面,实证的唯名论者已经对心理有了现代的态度,也就是说,它必须作为某种"主观的"东西被消除,其内容除了形成于后验的概念,什么也没有,不过是放屁而已(flatus vocis)。他的希望是能够描绘出一幅完全独立于观察者的世界图景。这一希望只实现了一部分,正如现代物理学的发现所表明的那样:观察者不可能最终被排除,这意味着心理前提仍然有效。

在多恩的例子中,我们可以看到由支气管、血管和矿脉的分支组成的原型树是如何被投射到经验世界上的,并引发了一种包含整个有机和无机的自然以及"精神"世界的整体主义观点。多恩对自身立场的狂热辩护表明,他深受内心的怀疑折磨,正在进行一场注定失败的战斗。他和弗卢德都无法阻挡事件的进展。今天我们已经看到,所谓客观性的代言人是如何用类似的情感爆发来为他们自己辩护的,以反对已经证明心理前提之必要性的心理学。

6 多恩对树的阐释

多恩在他的论文《帕拉塞尔苏斯关于金属转化之化学集锦》中写道[1]：

仅仅因为相似，而不论实质，哲学家们便把他们的材料比作一棵长着七根树枝的金树，认为它的种子里包含着七种金属，而且哲学金属都隐藏在里面，因此他们称它为生命树。又如自然的树木在开花的季节开出各种各样的花朵来一样，这种石质的材料在开花时[2]也会呈现出最美丽的色彩[3]。他们曾说，树的果实奋力向天上长，是因为从哲学的土地里长出了

---

[1]《炼金术剧场》，第1卷（1659年）第513页。
[2] "在冥府被唤醒的死者，像春天的花朵一样生长"。参见贝特洛《古希腊炼金术士文集》，第4章第20节第9小节。
[3] 暗指孔雀尾巴（caudo pavonis）的多种颜色，它的出现预示着目标的实现。

某种物质,就像一种令人憎恶的海绵的树枝[1]。此外,他们提出了这样一种观点,即这门技术的完整转化在于自然的生命体(in vegetabilibus naturae),而不是物质的生命体;也因为他们的石头和生命体一样,包含灵魂、身体和精神。通过一种不太遥远的类比——他们把这种材料称为圣母的乳汁和祝福的玫瑰色血液,尽管这些只属于上帝的先知和儿子们。因此,诡辩派哲学家们认为,哲学的物质是由动物或人的血液组成的。

然后,多恩列举了这些物质,如尿液、奶、蛋、毛发以及各种盐和金属"那些无足轻重的琐事"在发挥作用时,正是依赖这些物质。"诡辩派哲学家"把象征性的名称具象化为实际存在的物质,试图从最不合适的成分中提取化学沉淀物。显然,他们是那个时代的化学家,由于他们具体主义的态度所导致的误解,他们使用的是普通的材料,而哲学家们——

---

[1] 据说,陆地上与海绵相对应的是马勃菌(puff-ball)。海绵能听见并且有知觉。撕开时,它们会渗出血一般的汁液。参见,曼德拉草(mandrake),它被撕开时会发出尖叫。"当把它们从生长的地方拉起来时,就会听到很大的噪声。"("自由秘密",《炼金艺术》,第1章第343页)关于海绵,参见《神秘的结合》,第134页和205页。

把他们的石头称为"有生命的",是因为在他们最后的操作中,凭借着这种最高贵的炽热的神秘力量,一种血液似的暗红色液体,从他们的材料和容器中一滴一滴地流出来。所以他们预言:在最后的日子里,有一个至纯的(pure)[1]人将降临这个世界,因为他,世界将获得自由,他将流溢玫瑰色或红色的血滴,使世界从堕落中得到救赎。以同样的方式,他们的石头中的血液也将释放出鳞状的金属物质[2],人也将免遭疾病[3]。所以他们说,他们的石头是有生命的(animalem),这不是没有道理。关于这一点,墨丘利斯对卡利德国王说:"只有上帝的先知才允许知道这个秘密。"[4] 这就是为什么这块石

---

[1] 也写作Putus,表示"真的"或"纯的"。Argentum putum 就是纯银。用putus代替purus有重大意义,见下一节。
[2] 指不纯的金属、氧化物和盐。
[3] 他们认为人类的疾病相当于金属的腐败(leprositas)。
[4] 这段引文不是原文。卡利德("自由秘密",《炼金艺术》,第1章,第325页)说:"兄弟,你必须知道,我们这块神秘的石头和我们尊贵的职责,是上帝的一个重大秘密,他向他的人民隐藏了这个秘密,除了那些当之无愧的信仰之子和认识到上帝的善良和伟大的人之外,他决不向任何人透露。"多恩把说这话的人解释为赫耳墨斯·特利斯墨吉斯忒斯,这也许是正确的。赫耳墨斯后来在文本中谈到"我自己的门徒,缪塞",被视为炼金术士的摩西,也被等同于俄耳甫斯的老师缪塞俄斯。

头被称为"有生命的"。因为这石头的血液里藏着它的灵魂;它也由身体、精神和灵魂组成。出于同样的原因,他们把它称为他们的微宇宙,因为它包含了这个世界万物的相似性,所以他们仍然认为它是有生命的,正如柏拉图把宏观宇宙认作是有生命的。但现在出现了一些无知的人,他们相信石头是三位一体的,并隐藏在三位一体的类别(genere)里,即植物、动物和矿物,因此他们自行在矿物中去寻找它[1]。但这种学说与哲学家的观点相去甚远,哲学家们坚持认为他们的石头是以同一种形式存在于植物、动物和矿物中的。

这篇精彩的文章把"树"解释为一种神秘物质的隐喻形式,一种根据自身规律而存在的生物,像植物一样生长、开花、结

---

[1] 在这里,多恩指的可能还是卡利德,他说(同上,第342页):"看看这块既不是石头也不具备石头性质的石头。此外,它是一块石头,其物质产生于群山顶上(in capitemontium),而哲学家选择说'群山'而不是'生物'(animalia)。"(该文本多有讹误。)这种石头发现于蛇或龙的头部,或者是"头部"本身,就像佐西莫斯在其论著中所说的那样。世界山、世界轴、世界之树和至人是同义词。参见霍姆伯格《生命树》,第20、21、25页。

果。这种植物被比作海绵，它生长在海洋深处，似乎与曼德拉草有亲缘关系。然后，多恩区分了"自然的生命体"和物质的生命体。后者显然是指具体的物质有机体，但前者究竟意味着什么，我们并不清楚。流血的海绵和被扯起时会尖叫的曼德拉草既不是"植物物质"，也没有在自然界中被发现，至少没有在我们所知道的自然界中被发现，尽管它们可能会出现在多恩所理解的更全面的、柏拉图式的自然界中；也就是说，在一个包括心理"生命力"，即神话主题和原型的自然界中——存在着曼德拉草和类似的生物。多恩是如何具体地将它们形象化的，这一点还没有定论，无论如何，这块"既不是石头，也不具备石头性质的石头"就属于这一类。

7 玫瑰色的血和玫瑰花

其他几位作者的著作中也出现过这种不可思议的玫瑰色的血。例如，在坤拉斯的著作中，"从萨杜恩之山被引诱出来的狮子"就有玫瑰色的血[1]。这头"象征一切和征服一切"的

1《混沌》，第93页；还可参见197页。

狮子，对应着佐西莫斯的"全"（πάν）或"总"（πάντα），即整体性。坤拉斯进一步提到（第276页）：

那种昂贵的、代表一切的玫瑰色的血和以太[1]水，在艺术的力量被打开时，从那个伟大世界的先天之子的身边以水银的方式（Azothically）[2]流出；植物、动物和矿物也是以同样的方式，而不是以其他方式，通过对其杂质的洗涤，依托艺术与自然调和，被提升到最高的自然完美状态。

在《智慧的水》（*Aquarium sapientum*）中，那个"宏观宇宙之子"（哲人石）与耶稣基督相关[3]，而耶稣基督是微观宇宙之子，他的血液是精华，是红色酊剂。这就是——

---

[1] 以太（Aetheric），古希腊哲学家亚里士多德设想的一种物质，物理学史中一种假想的物质观念。古希腊人以其泛指上层大气。——译者注
[2] 关于水银（Azoth），可参看"墨丘利斯之魂"《混沌》，第271页。
[3] 《赫密斯神智学博物志》，第118页："耶稣基督是与地上的石头相比较和结合的……它是耶稣基督化身的一个重要典型和逼真形象。"

真正的和本真的双性的墨丘利斯或巨人¹,具有二位一体的实质²。……天生的上帝、人、英雄等,有圣灵在他里面,可使万物复活……他是所有不完美的身体和人的唯一完美的治疗者,是灵魂的真正的天国医生……是三位一体的万能本质³,他被称为耶和华⁴。

炼金术士们的这些颂文,常常被认为是上不得台面的例

1《诗篇》18:6:"他如同新郎出洞房,又如勇士欢然奔路。"早期基督教的著作家们认为这指的就是耶稣基督。
2 本文指的是《马太福音》第26章,显然是指第26节及以后,最后的晚餐。短语"二位一体物质的巨人"(geminae gigas substantiae)似乎最早由圣安布罗斯在其圣诞赞美诗第19行中使用,开头是"走向以色列之王"。相关诗节由J.M.尼尔翻译,《赞美诗·序列和颂歌选集》,第104页"从他的房间被解放出来,/纯洁的皇家殿堂,/真正的二位一体物质的巨人,/他命中注定的道路他兴高采烈地走下去"。
3《智慧之水》的匿名作者并不完全清楚这种三位一体的本质,因为他说它是"一,一种神圣的本质,然后是二,上帝和人,也即它和三个人有关,它也是四,即三个人和一种神圣本质,它也是五,由三个人和两种本质构成,即一种神圣本质和一种人的本质"(第112页)。宏观宇宙之子似乎已经大大放松了这个教条。
4《智慧水族馆》,第111页。

证,或者被嘲笑为狂热的幻想——在我看来,这是极不公平的。他们是严肃的人,只有当我们认真看待这些炼金的化学家时,他们才能被理解,尽管这会对我们的偏见造成极大的打击。他们从来没有打算把他们的石头提升为世界的救世主,也没有像我们在梦中所做的那样,故意把许多已知和未知的神话偷偷放进他们的石头中。他们只是在关于物体的概念中发现了这些特质:物体由四种成分组成,并且能够将所有的对立物统一起来。他们也对这一发现感到惊讶,就像某人做了一个印象深刻的梦,然后遇到了一个完全与之相符的未知神话。因此,难怪他们赋予了这种石头或红色酊剂以他们在这种物体的概念中所发现的全部特质,他们真的相信这是可以被创制的。这使我们更容易理解,这种陈述是完全具备炼金术特点的思维方式。它和上述《智慧的水》的引文出现在同一页上,内容是:

我认为,地上的石头和哲学的石头,连同其构造材料,有近千个不同的名字,因而被称为奇妙。即使如此,此处及前面提到的名字和称号,都可以在最大程度上适用于全能的上帝和至高的善。

显然，作者从未想到，我们带有偏见的观点很快就会假设，他只是把上帝全知全能的属性转移到了这块石头上。

从这一点可以明显看出，对于炼金术士们来说，这块石头只不过是一种原始的宗教体验，作为虔诚的基督徒，他们必须使之与自己的信仰相调和。这就解释了作为微观宇宙之子的耶稣基督和作为宏观宇宙之子的哲人石之间那种模糊的同一性或平行性，甚至是一方对另一方的替代。

哲人石与耶稣基督之间的相似性，大概成为了玫瑰花的神秘性进入炼金术的桥梁。首先，这一点从使用"玫瑰园"或"玫瑰园丁"作为宗教书名就可以看出。第一本《玫瑰园》（同名著作有好几本）于1550年首次印刷，多半是阿纳尔德斯·德·维拉诺瓦[1]的作品。这是一本汇编，它的历史成分还没有被整理出来。阿纳尔德斯生活在13世纪下半叶，他也被认为是"玫瑰园"中的一员（Rosarium cum figuris）。在那里，玫瑰花是国王和王后之间关系的象征。读者可以在我的《移情心理学》中

---

[1] 阿纳尔德斯·德·维拉诺瓦（Arnaldus de Villa Nova，1235—1313年），医生、药剂师、炼金术士及占星师。1299年他在巴黎大学因宣扬异端而遭到谴责，并被投入监狱；1309年再次入狱后，其哲学作品被教皇勒令焚烧。——译者注

找到这方面的详细论述,其中再现了《玫瑰园》中的插图。

玫瑰花在马格德堡的梅希蒂尔德[1]的书中也有同样的含义。主曾对她说:"你看我的心,看哪!"一朵最美丽的五瓣玫瑰覆盖着他的整个胸膛,主说:"赞美我的五种感觉吧,它们以这朵玫瑰花作为象征。"正如后来所解释的那样,这五种感觉是基督对人的爱的载体(例如,"通过嗅觉,他始终对人怀有某种爱的情感")[2]。

在精神层面上,玫瑰花就像香料园(hortus aromatum)[3]、封闭的花园(hortus conclusus)[4]和蔷薇圣母(rosa mystica)[5]一样,是圣母玛利亚的一种象征,但在世俗层面上,它是被爱的、诗人的玫瑰花,是那个时代的"爱的忠诚"(fedeli d'amore)。正

---

[1] 马格德堡的梅希蒂尔德(Mechthild of Magde-burg,1207—1282年)是一位哲学家、作家,同时也是基督教中的神秘主义者,也是第一位用德语写作的神秘主义者。她晚年在修道院度过。——编者注
[2] 《心灵的救赎》,威尼斯,第107页及以后。
[3] 里尔的艾伦,《在坎特的阐发》,第210卷第95栏。
[4] 同上,第82栏。
[5] 洛雷托的连祷文。

如圣母玛利亚在圣伯纳德[1]那里被喻为"地球的中心"(medium terrae),在赫拉班[2]那里被喻为"城市",在阿德蒙特的戈弗雷修士那里被喻为"堡垒"[3]和"神圣智慧之家"[4],以及在里尔的阿兰那里被喻为"高举旗帜的军队"(acies castrorum)[5];玫瑰也具有曼荼罗的意义,从但丁《天堂》中的天国玫瑰就可以清楚地看到。玫瑰花和它的同类印度莲花一样,是绝对女性化的。在马格德堡的梅希蒂尔德那里,玫瑰花必须被理解为她自己的女性厄洛斯(Eros)在耶稣基督身上的投射[6]。

炼金术的救赎者的玫瑰色血液[7],是从一种渗透进炼金术

---

[1] 《圣灵降临节的塞尔莫二世》(Migne, P.L., 第183卷第327列)。

[2] 《圣经的寓言》(Migne, P.L., 第112卷第897列)。

[3] 《多米尼加一世冒险记中霍米利亚三世》(Migne, P.L., 第174卷第32行)。

[4] 在《维吉利亚姆假设里的霍米利亚六十四世》(同上,第957列)。

[5] 《阐明》(Migne, P.L., 第210卷第94列)。

[6] 参见有关上帝之吻的那一章,其中有与此相似的投射(《自由栅》),第90页。

[7] 这血是狮子的血,等同于犹大支派的狮子(即耶稣基督)。

的玫瑰神秘主义中衍生出来的,以红色酊剂的形式,表达了某种厄洛斯的治愈作用或整体性效用。这个象征有如此奇怪的具体形式,可以用心理学概念的完全缺失来解释。因此,多恩必然会把玫瑰色的血液理解为一种"植物性质",但不是像普通的血液那样的一种"植物物质"。正如他所说,石头的灵魂就在它的血液里。既然石头代表着整体的人[1],那么当讨论神秘物质及其血汗时,多恩提到"最纯粹的人"(putissimus homo)就是合乎逻辑的,因为事实就是如此——他就是那个奥秘,那块石头及其相似物或预兆就是客西马尼花园里的基督[2]。这个"最纯粹"或"最真实"的人必定是他本来的面貌,正如"纯粹的银"(argentum putum)是纯银一样,他必定是一个完全的人,一个知道并拥有人类一切的人,一个不受任何外界影响或侵扰的人。这个人只会"在末后之日"出现在世上。他不可能是耶稣,因为耶稣已经用他的血把世界从堕落的后果中救赎出

---

1 参见《心理学与炼金术》,"哲人石与基督的比喻",以及《永恒之岛》,第5章。
2《路加福音》22:44:"……他的汗水就像血水滴一样,一滴一滴地滴在了地上。"

来了[1]。耶稣也许是"最纯粹的人"(purissimus homo),但他不是"最广义的纯"(putissimus);虽然他是人,但他也是上帝,不是纯银,而是金子,因此不"纯"(putus)。这绝不是一个关于未来的基督和微观宇宙救世主的问题,而是关于炼金术宇宙的保护者的问题(servator cosmi),他代表着仍然处于潜意识状态——关于整体和完整的人的观念,显然,他将带来耶稣以死献祭都没有完成的事,即把世界从邪恶中拯救出来。他会像耶稣一样流出救赎的血,但是,作为一种"植物性质",它是"玫瑰色的";不是天然或普通的血液,而是象征的血液,一种精神物质,某种厄洛斯的表现,它以玫瑰的符号将个体与群体统一起来,使它们成为整体,因此是一种灵丹妙药和解毒剂。

---

1 这篇文章继续写道:"从来没有人听说过他的血是玫瑰色的。"然而,在一首非常著名的赞美诗中有趣地提到"通过品尝他玫瑰色的血,我们与上帝同在",开头是"Ad coenam agni providi",这首赞美诗的作者曾被认为是圣安布罗斯,但现在被否认了,已知可追溯到6世纪或7世纪初。在过去的几个世纪里,它一直是罗马教堂复活节的晚祷中唱的礼拜圣歌。参见尼尔,《赞美诗》第194页。

16世纪下半叶见证了玫瑰十字会[1]运动的开始,它的箴言——十字玫瑰（per crucem ad rosam）,是炼金术士们早已预见到的。歌德在他的诗歌《论神秘》中对这种厄洛斯的情绪基调有极精彩的捕捉。这种运动,以及带有感情色彩的基督教博爱观念的出现[2],必定预示着它们想要加以弥补的某种相应的社会缺陷。从历史的角度我们可以清楚地看到,在古代世界,这种缺陷是什么样的;以及在中世纪,由于残酷且不可靠的法律和封建的状况,人权和人的尊严也处于悲惨的境地。有人会认为,在这些情况下,基督教的爱是非常适时的。但如果它是盲目且缺少洞察的呢? 对那头走失的羊的精神福祉的关心,甚至可以解释托克马达的行为。如果爱不包含理解,仅有爱是无用的。为了正确地理解运用,就需要更广泛的意识,需要更高的站位以开阔自己的视野。这就是为什么基督教作为一种历史

---

[1] 17世纪初在德国创立的一个秘密社。托称为15世纪的罗森克洛兹所创,意为"玫瑰十字架",自称拥有自古代传下的神秘宇宙知识,提出借"神秘智能"改造世界的主张,普遍认为神弥漫于宇宙万物之中,人只要一旦意识到神就存在于自己之内,而人作为一个宇宙的缩影,就拥有主宰宇宙的力量。——译者注

[2] 参见《哥林多前书》13：4及其后。

力量，不满足于劝诫人们要爱他的邻居，而且还完成了一项无论怎样估计都不过分的、更高级的文化任务。它教导人们要有更高的觉悟和责任。当然，为此，爱是必要的，但爱必须与洞察和理解相结合——其功能是照亮仍然处于黑暗的区域——一些处于外部物理世界和内部心理世界的区域，并将它们添加到意识中。爱越盲目，就越是本能的，就越容易带来破坏性的后果，因为它是一种需要形式和方向的精神动力。因此，一种有补偿作用的逻各斯（Logos）[1]，作为一道黑暗中闪耀的光，已加入其中。一个没有意识到自己的人，是以一种盲目、本能的方式行事。此外，当他看见自己没有意识到的一切事物，作为对其邻人的投射，从外部向他迎面而来，他就会被所有的幻觉愚弄。

---

1 逻各斯（Logos），希腊哲学家赫拉克利特最早使用这个概念，他认为逻各斯是万物的尺度和准则。斯多亚学派后来发扬了这一概念，他们认为，逻各斯包含两个部分，一为内在的逻各斯，二为外在的逻各斯，前者即理性和本质，后者即传达这一理性和本质的语言。亚历山大的斐洛据此认为，上帝的智慧就是内在的逻各斯，上帝的言辞就是外在的逻各斯。

8 炼金术的思维

炼金术士们似乎对这种心理状态略知一二;不管怎么说,它和他们的炼金过程掺杂在了一起。早在14世纪,他们就发现,他们所寻找的东西不仅使他们想起了各种各样的神秘物质、治疗方式和毒药,也使他们想起各种各样的生物、植物和动物;最后,还有一些奇怪的神话人物,小矮人、地精或金属精灵,甚至是神人一类。因此,在14世纪上半叶,费拉拉的佩特鲁斯·博努斯写道,拉西斯曾在一封信中说:

哲学家们用这块红色石头把自己置于所有其他事物之上,并预言未来。他们不仅做一般的预言,也做特殊的预言。当然,他们知道审判日和世界末日必将到来,死者也必将复活。届时,每个灵魂都将与其前世的身体结合,永远不再分离。然后每个荣耀的身体将会得到改变,拥有不朽和光明,以及一种几乎难以置信的明敏,它将穿透所有的固体[1],因为那

---

[1] 暗指翠玉石板(Tabula smaragdina):"这是所有力量中的那种强大力量,因为它将克服每一个微妙的事物,并穿透每一个固体。"(《炼金术》,第363页)

时它的性质将是灵魂和身体的性质。……当它变得潮湿，并且在那种状态里躺上许多个晚上，它的性质就像是一个死人，这时那个东西就需要火，直到那个身体的灵魂被抽取出来，留在那里熬过漫漫长夜，就像坟墓里的人一样归于尘土。当这一切发生时，上帝将把它的灵魂和身体归还给它，并且除去它的不完美；这样，那事物就会得到强化和改善，就像复活以后，人要比在世时更强壮、更年轻……因此，哲学家们看到了这门艺术中最后的审判——即这块石头的萌发和诞生，与其说是理性的，毋宁说是奇迹的，是不可思议的，因而不是理性的；因为在那一天，蒙福的灵魂将通过精神的调和，而与它原来的身体结合，获得永恒的荣耀。……所以，从事这门艺术的老哲学家们也知道并坚持认为，处女必定会怀孕生子，因为在他们的艺术中，这块石头是自己受孕、自己怀孕，并生下自己的。又因为他们看到了这块石头不可思议的受孕、怀孕、诞生和抚育，便断定一个还是处女的女人不需要男人就能受孕，怀上孩子，以不可思议的智慧生育，并且像从前一样保持处女身。……正如阿尔费迪乌斯所说，这块石头被扔到街上，被抬至云端，住在空中，在溪流中觅食，在山顶上歇息。它的母亲是一位处女，它的父亲对女人一无所知……哲学家们还知道，上帝必将在这门艺术的最后一天变成人，这项工作的完成就仰赖于此；生者与被生者合而为一；老人与孩子，父亲与儿子，合而为一；这样，一切旧的事物都变成了新的[1]。上帝亲自将这权柄托付给他的哲学家和先知，又在他的天堂里为他们的灵魂准备了居所[2]。

正如这段文章所清楚表明的那样，佩特鲁斯·博努斯[3]发现炼金术的作品从特征上一五一十地预言了救赎者的发育、诞生和复活的神圣神话，因为他深信这门艺术的古代权威们，如

---

[1] 关于阿尔费迪乌斯，人们一无所知。他是一位经常被引用的作家，可能生活在12—13世纪。（参见科佩，《炼金术》，第2卷第339、363页）

[2] "新生宝珠"，收录于《化学精选集》，第2卷第30页，据称创作时间是1330年。1546年第一个出版这篇文章的亚努斯·拉齐尼乌斯说（第70页），博努斯"大约1338年住在伊斯特拉半岛的波拉市"（第46页），他是雷蒙德·卢利 [Raimundus Lullus, 1235—1315年（？）] 的同时代人。

[3] 佩特鲁斯·博努斯（Petrus Bonus, 1417—1497年），又称为"好人彼得"，中世纪晚期的炼金术士。他最著名的作品"新生宝珠"（Margarita Preciosa Novella）是一部有影响力的炼金术作品，创作于1330年至1339年间。据说他曾是意大利费拉拉的一名医生，这使他有时被称为费拉拉的佩鲁斯·波加斯或伦巴第人佩鲁斯·波加斯（佩鲁斯·波加斯·伦巴第斯）；《神学概论》也被认为是他的作品。——译者注

三重伟大的赫耳墨斯、摩西、柏拉图等人,很久以前就知道整个过程,因此提前预见到即将到来的基督救世。他完全没有意识到情况可能正好相反,炼金术士们借鉴了教会的传统,从而使他们的操作接近于神圣的传奇。他们的潜意识程度不仅令人惊叹,而且具有启发意义。这种异乎寻常的盲目向我们表明,它背后一定有同样强大的动机。博努斯并不是唯一一个发表这一声明的人,尽管他是第一个;但在接下来的三百年里,它得到了越来越广泛的传播,并引起了一些人的反感。博努斯是一位博学的学者,除了他的宗教信仰外,他在理智上完全能够认识到自己的错误。但促使他产生这种观点的是——他确实借鉴了比教会传统更古老的来源:当他观照在炼金过程中发生的化学变化时,他的脑海中充满了原型的、神话的相似物和解释,正如在那些古老的异教徒炼金术士身上发生的事情那样——如今,当想象力在观察和研究潜意识的产物时得以自由发挥,这种情况也会发生。在这些条件下,各种形式的思想便出现了,人们从中可以发现与神话主题,包括基督教主题相似的东西;这些相似性或许并不是人们一眼就能看出来的。那些对化学物质的性质一无所知的古老的炼金术士,也正是这样产生了一个又一个困惑:不管怎么样,他们不得不屈从于超自然观念的压倒性力量，任其涌进他们空乏黑暗的心灵。从这一切的深处，渐渐浮现出一道光，使他们领悟到这个过程的本质和目标。因为他们对物质定律一无所知，所以物质的行为与他们对物质的原型概念没有任何矛盾。偶尔，他们会顺便做出一些化学发现，这是意料之中的事；但他们真正发现的，也是让他们无限着迷的，是自性化过程的象征意义。

佩特鲁斯·博努斯不得不承认，炼金术的象征与基督教救赎故事中的象征以完全不同的方式被发现，却具有惊人的一致性。炼金术士们在努力探索物质的秘密时，出乎意料地一头撞进了潜意识之中。因此，他们在最初没有察觉到这一点的情况下，成为了基督教象征主义背后过程的发现者。不过几个世纪，他们当中思想更深邃的人就意识到了寻找这块石头的真正目的。起初，他们犹豫不决，根据一个接一个的暗示，然后他们才明确无误地领悟到这块石头与人本身的同一性，以及一种实际上可以在他们内心深处发现的超乎寻常的同一性，即与多恩的"内在性质"的同一性，正如我在其他地方所展示的那样，现今可以毫不费力地把它与自性相等同[1]。

1《永恒之岛》，第164页及其后。

炼金术士们以各种不同的方式努力与哲人石——耶稣基督的类比达成一致。他们并未找到解决的办法，只要他们的概念语言没有摆脱对物质的投射，没有变成心理学的语言，他们就不可能找到解决的办法。在接下来的几个世纪里，随着自然科学的发展，投射才从物质中解脱出来，并与心智一起被完全废除。意识的这种发展还没有终结。的确，再也没有人赋予物质以神话的性质了，这种投射形式已经过时；投射现在仅限于个人和社会关系，限于政治乌托邦之类的事情。自然不再害怕以神话解释的形式出现的任何事物，但是在精神的领域当然还有这样的担忧，尤其是那个通常被称为"形而上学"的领域。在那个领域，声称要表达绝对真理的神话主题仍然在彼此纠缠，而任何一个用足够庄重的语言来美化其基本神话主题的人都相信，他做出了一个有效的陈述，甚至甘愿抛弃我们人类有限的智慧所具备的谦逊，这种智慧明了它的无知。这些人甚至认为，每当有人胆敢将他们的原型投射解释为人类的声明时，上帝本身就受到了威胁，任何理智的人都不认为这些投射毫无意义，因为即使是炼金术士最荒谬的声明也有其意义，尽管这不是他们自己——除了极少数例外——试图赋予的象征意义，而是只有在未来才能确切表达的意义。每当我们不得不涉及基本神话主题时，明智的做法是假设它们的意思比它们表面上看起来的要多。正如梦不会隐藏已知的事物，也不会把它压制在某种伪装之下，而是试图尽可能清晰地表述一个尚处于潜意识状态的事实，神话和炼金术符号也不是隐藏人造秘密的历史神话寓言。相反，它们力图将自然的秘密转化为意识的语言，并声称这是人类共有的真理。通过具有意识，个体越来越多地受到孤立的威胁，然而，这是意识分化的必要前提。这种威胁越大，通过所有人共有的集体象征和原型象征符号的产生所获得的补偿就越多。

通常这一事实是通过宗教表达出来的，其中个体与上帝或诸神的关系确保了起调节作用的意象和潜意识的本能力量之间的重要联系不会被打破。当然，只有当宗教思想没有失去其神秘性，即那令人激动战栗的力量时，情况才会如此。神秘性的损失一旦发生，就永远无法以任何理性的东西来代偿。这时，对原始意象的补偿就会以神话观念的形式出现，比如炼金术大量产生的神话观念和在我们自己的梦里也能找到的神话观念。在这两种情况下，意识以同样独特的方式对这些启示作出反应：炼金术士将其象征符号简化为他所使用的化学物质；而现代人则将它们还原为个人经验，就像弗洛伊德[1]在解释梦时所做的那样。这两者都表现得好像知道其象征符号的意义可以被还原到何等已知的程度。从某种意义上说，两者都是正确的：正如炼金术士被自己的炼金术的梦言梦语所困住了一样，现代人也被困在自我意识的牢笼中，并将其个人的心理问题当作一种语言方式（façon de parler）。在这两种情况下，表征材料都是从已经存在的意识内容中衍生出来的。然而，这种还原的结果并不是很令人满意——事实上，是如此的令人不满，以至于弗洛伊德发现自己不得不尽可能远地追溯到过去。在这样做的过程中，他偶然碰上了一个异乎寻常的神秘观念，即乱伦的原型。他由此发现了一种东西，它在某种程度上表达了符号产生的真正意义和目的，那就是让人觉察到属于所有人并因而能引导个体走出孤立的那些原始意象。弗洛伊德那教条式的僵化可以用以下事实来解释：他屈从于他所发现的原始意象的神秘效

---

[1] 弗洛伊德（Sigmund Freud, 1856—1939年），奥地利精神病医师、心理学家、精神分析学派创始人。代表作品有《梦的解析》《精神分析引论》《自我与本我》等。——译者注

应。如果我们像他那样假设乱伦主题是所有现代人心理问题的根源，也是炼金术象征作用的根源，那么我们就无从了解这些象征的意义。相反，我们让自己陷入了一条死胡同，因为我们只能说，所有的象征，无论是现在的还是将来的，都源于原始的乱伦。这就是弗洛伊德真正的想法，因为他曾经对我说："我只是好奇，当人们普遍地认识到神经症患者的象征意味着什么的时候，他们将来会怎么做。"

对我们来说幸运的是，象征的意义要比我们仅凭第一眼就能知道的多得多。它们的意义在于，补偿了一种未经改编的意识态度，一种不能实现其目的的态度，而如果它们被理解，那它们将使意识态度实现其目的[1]。但是，如果它们被简化成别的某种东西，要解释它们的意义就变得不可能了。这就是为什么一些后期的炼金术士（特别是在 16 世纪）憎恶所有世俗的物质，并以"象征的"物质取而代之，使原型的本质得以隐约可见。这并不意味着炼金术士停止了实验室的工作，他只是密切关注着转化的象征方面。这与现代潜意识心理学的情况完全

---

[1] 因为原型象征是超自然的，所以即使它们在理智上不能被理解，它们依然会产生影响。

相符:虽然个人问题没有被忽视(病人自己就非常关注!),但分析师密切注视着他们的象征方面,毕竟只有引导病人超越自己,超越与自我的纠缠,康复才有可能。

9 树的各个方面

树对炼金术士意味着什么,不能用单一的解释或单一的文本来确定;为了发现树的意义,必须对许多来源进行比较。因此,我们将转而对树做进一步的论述。树的图画经常出现在中世纪的文本中。其中一些在《心理学与炼金术》中有再现。有时,它的原型是天堂里的那棵树,树上挂着的不是苹果,而是太阳和月亮的果实,就像迈克尔·梅耶在《赫密斯神智学博物志》这本论著中描述的那些树[1],或者它是一种装饰着七颗行星的圣诞

---

1 参见《土星的象征》,以及《哲学参考文献》第313页:"我被带到不远处的一片草地上,草地上有一个种着各种各样树木的奇异花园,非常好看。在这些树中,他指给我看七棵用名称区分的树;其中,我看见有两棵最显眼的,比其他树都要高,其中一棵结出的果实就像最明亮、最灿烂的太阳,叶子像金子一样。但另一棵结的果实则是最白的,比百合花更闪亮,它的叶子像水银。它们被尼普顿命名为太阳树和月亮树。"

树，周围环绕着炼金术过程七个阶段的象征。站在树下的不是亚当和夏娃，而是作为老人的三重伟大的赫耳墨斯和作为青年的炼金术士。在三重伟大的赫耳墨斯身后，是骑在狮子上的太阳神索尔王，身旁伴随着一条喷火的龙；在炼金术士的身后，是坐在鲸鱼身上的月亮女神戴安娜，身旁伴随着一只鹰[1]。这棵树通常长着叶子，而且是活着的，但有时它是很抽象的，明确地代表着这个过程的各个阶段[2]。

在雷普利的《卷轴》[3]中，天国之蛇以梅露西娜[4]的形式栖息在树的顶端——"desinitin [anguem] mulier formosasuperne"[5]。"上半身是一个美丽的女人，她变成了一条（蛇）。"（"蛇"是我对"鱼"的改编。）与之相结合的主题和《圣经》毫不相关，而是

---

[1]《心理学与炼金术》，图188。

[2] 同上，图122，221。

[3] 同上，图257。另参见《心理学与炼金术》图B5。

[4] 梅露西娜（Melusine），亦译作美露莘、靡露莘，是凯尔特神话中的女性妖精，上半身像人类，下半身是鱼尾或蛇尾，有时长着翅膀；常出没在水边或水中。——译者注

[5] 一座晚期希腊风格的伊西斯塑像显示，她是一位美丽的女神，戴着壁形金冠，手持火炬，但下半身变成了神圣的毒蛇（uraeus）。

原始的，萨满式的：一个人，大概是个炼金术士，正爬到树的一半，遇到了从上面下来的梅露西娜或莉莉丝。攀爬这棵魔树就是萨满术士的天国之旅，在此期间他遇到了他的天国配偶。在中世纪的基督教中，萨满教的阿尼玛（anima）被转化为莉莉丝[1]，据传说，莉莉丝是天国之蛇，亚当的第一任妻子，亚当和她生了一群恶魔。在这幅画中，原始的传说与犹太—基督教的传说交织在一起。我从来没有在我病人的画作中看到爬树的主题，只是作为梦的主题遇到过。在现代的梦境中，上升和下降的主题主要与一座山或一座建筑有关，有时也与一台机器（电梯、飞机等）有关。

光秃秃的或死去的树的主题在炼金术中并不常见，但存在于犹太—基督教的传统中，即堕落后死亡的天堂树。一个古老的英国传说[2]讲述了塞特在伊甸园中所看到的一切。在天堂的中央，有一处闪闪发光的喷泉，从中流出四条溪流，浇灌着整个世界。喷泉上方耸立着一棵大树，有许多大小树枝，但看起

---

1 典型的表征可以在乔治·雷普利的《卷轴》中找到，他是布里德灵顿的教士，可能是英国最重要的炼金术士（1415—1490年）。

2 霍斯特曼，《古英语传奇集》，第1卷第124页及其后。

来像是一棵老树,因为它没有树皮,也没有叶子。塞特知道这是他父母吃过其果子的那棵树,所以它现在光秃秃地矗立着。塞特仔细看了看,又发现一条没有皮的裸蛇[1]盘绕在树上;正是那条蛇说服夏娃吃了禁果。当塞特再看一眼天堂时,他发现那棵树经历了巨大的变化,现在它被树皮和树叶覆盖着,在它的树冠上躺着一个裹在襁褓里的新生婴儿,正在为亚当的罪而哭泣。这就是基督,第二个亚当。他是在树顶被发现的,从亚当的身体里长出来,代表着基督的谱系。

另一个炼金术主题是被截去顶端的树。在弗朗切斯科·科隆纳[2]的《寻爱绮梦》(威尼斯,1499)的法文版(1600)的卷首插图中,它与被砍断爪子的狮子形成了对应[3],后者在罗伊斯纳的《潘多拉》(1588)中作为一个炼金术主题而出现。曾

---

[1] 树上没有树皮,蛇也没有皮肤,这表明了它们之间的同一性。
[2] 弗朗切斯科·科隆纳(Francesco Colonna,1433—1527年),文艺复兴时期欧洲意大利多明我修道会修士。著有一部渗透新柏拉图主义的寓言传奇作品《寻爱绮梦》(1499年出版)。——译者注
[3] 见《心理学与炼金术》,图4。这个肢体残缺的主题出现在超众寓言书,《炼金艺术》,第1卷第140、151页。这些截肢与所谓的阉割情结无关,而是指肢解的主题。

受犹太神秘哲学影响的布莱斯·德·维吉尼亚[1]，谈到过发出红色死亡射线的"死亡之树的树干"（caudex arboris mortis）[2]。"死亡之树"是"棺材"的同义词；"砍下树，并把一个上了年纪的人放在里面"[3]这个奇怪的说法大概可以从这个意义上来理解。这是一个非常古老的主题，出现在古埃及巴塔（Bata）的故事中，保存在第十九王朝的莎草纸上。在这个故事中，主人公把他的灵魂放在一棵金合欢树最顶端的花朵上；当这棵树被恶意砍倒时，他的灵魂就以种子的形式重现，这样，死去的巴塔便复活了。当他第二次以公牛的形式被杀死时，血液中便长出两棵鳄梨树。但当这些树被砍倒后，有一块木屑使王后受了孕，生了一个儿子：他就是重生的巴塔，后来成为了法老，一

---

[1] 布莱斯·德·维吉尼亚（Blaise De Vigenère, 1523—1596年），法国外交官、密码学家、炼金术士。维吉尼亚密码以其名字命名（但并非他的发明）。——译者注
[2] "火与盐"《炼金术剧场》，第6章（1661年），第119页。
[3] 霍格兰德（Theobald de Hoghelande）《化学剧场》第1卷，1659年，第145页，提到特巴塞尔莫第六十四世："到那棵白色的树旁边，在它周围建一座覆盖着露水的圆形黑暗房子，在里面安置一个上了年纪的人，一个百岁的人"，等等。这个老人就是萨杜恩，即作为原初物质的铅。

种神圣的存在。很明显,在这里,树是一种转化的工具[1]。维吉尼亚的"树干"类似于《寻爱绮梦》里被截去顶端的树。这个意象可能得追溯到卡西奥多罗斯,他将基督比喻为一棵"在其受难中被砍倒的树"[2]。

更常见的是,树显示出开花结果的样子。阿拉伯炼金术士阿布尔·卡西姆(13世纪)将它的四种花描述为红色、介于黑与白之间的颜色、黑色、介于白与黄之间的颜色[3]。这四种颜色,指的是炼金过程中所结合的四种元素。作为四位一体,一个整体的象征,意味着炼金过程的目标是产生一个包罗万象的统一体。双四位一体的主题,即八位一体,在萨满教中与世界树联系在一起:有八根树枝的宇宙之树是在第一个萨满诞生的同时种植的。八根树枝对应八位伟大的神[4]。

《特巴》对于结果子的树有很多说法[5]。它的果实是一种特

---

[1] 佛林德斯·佩特里,《埃及故事集》,第2辑第18至19王朝,第36页及以后。
[2] 等同于阿提斯的松树。
[3] 阿尔–韦瑟尔·穆克塔萨布,以及《霍姆亚德》第23页。
[4] 伊莱德,《萨满教》,第70—187页。
[5] 同上127、147、162页。

殊的品种。《阿里斯勒斯的异象》曾说"这种最珍贵的树,吃了它的果实的人永远不会感到饥饿"[1]。与之相应的是《特巴》中所说的:"我说,那位老人不会停止吃那棵树的果实……直到他变成年轻人。"[2] 这些果实在这里等同于《约翰福音》6:35中的生命之粮[3]。但是这些说法还可以追溯到埃塞俄比亚的《以诺书》(公元前2世纪):据说在西部大地,树上的果实将成为上帝的受选民的食物[4]。这是对死亡和重生的明确暗示。它并不总是树的果实,也可以是麦粒(granum frumenti)的果实,不朽食物就由此制备,正如《曙光乍现》第一部中所说:"这麦粒所结的果实,就是从天上降下来的生命之粮。"[5] 吗哪[6]、上帝和灵丹妙药在这里形成了一种深不可测的混合物。《阿里斯勒

---

[1]《法典》第584卷(柏林),附21(鲁斯卡,《特巴》,第324页)。
[2]《布道第64世》,鲁斯卡,第161页。
[3] 耶稣说:我就是生命的粮,到我这里来的必定不饿,信我的永远不渴。
[4] 查尔斯,《外经与伪经》,第2卷第201页。用这棵太阳和月亮之树的果实制备成"不朽的果实,具有生命和血液"。"血液使所有不结果实的树结出和苹果性质相同的果实。"(米利乌斯,《哲学参考文献》第314页,《特巴》第324页。)
[5]《曙光乍现》(冯·弗兰兹主编),第143页。
[6] 是《圣经》中的一种天降的食物。——译者注

斯的异象》也曾提到同样神奇的属灵食物的概念：据说，"毕达哥拉斯的门徒"和"食物的制作者"哈佛塔斯来帮助阿里斯勒斯及其同伴，显然带的是鲁斯卡版的柏林法典第584帖中提到的那种树的果实[1]。在《以诺书》中，智慧树的果实被比作葡萄，这很有趣，因为在中世纪，智慧树有时也被称作葡萄树[2]，参见《约翰福音》15：1，"我是真葡萄树"。树的果实和种子也被称为太阳和月亮[3]，天堂里的两棵树与之相对应。[4] 太阳和月亮的果实大概可以追溯到《申命记》33：13及以下："愿他的地蒙耶和华赐福……得日月所结的果子……[5]和永恒之

[1] 参见《心理学与炼金术》第449页。
[2] 就像雷普利的《卷轴》中所说的："葡萄藤树。"
[3] 迈尔《炼金术士的符号》第269页，也可参见格雷韦鲁斯的"秘密"（《炼金术剧场》第3卷，1659年，第700页）和弗雷莫的"哲学概要"（《赫密士神智学博物志》，第175页）。参见波尔达吉（Pordage），《神圣智慧》，第10页："在这里，我看到了天国的果实和药草，从此以后，我的不朽之人就应该吃这些果实和药草，并以此为生。"
[4] 这些树也出现在亚历山大的传奇中，被称为"太阳和月亮最神圣的树，它们将向你们宣告未来"（希尔卡，《法国古代散文小说》第204页）。
[5] 摘自《圣经》拉丁通行本："太阳和月亮的果实。"炼金术士自然会把这个说法视为权威。原文如钦定英译本《圣经》中所说："……太阳带来的珍果，月亮安置的宝物。"

山的进益。"劳伦修斯·文图拉[1]说:"这苹果气味甘甜,这苹果色泽浓郁",伪亚里士多德[2](pseudo-Aristotle)在其《论亚历山大大帝》[3]中说:"采摘这些果实吧,因为这棵树的果实带领我们进入黑暗并穿越黑暗。"这个模棱两可的忠告显然暗指的是一种与当时盛行的世界观不太一致的知识。

本尼迪克特·费古勒斯[4]称这种果实为"金苹果园的金苹果,是从神赐的智慧树上摘下来的"[5],这棵树代表炼金术的产物,果实代表其业绩,对此,人们常说:"我们的金子不是普通的金子。"[6]《世界荣光》里的一句话曾对这种果实的意义

---

[1] 《炼金术剧场》第2卷(1659年),第241页。

[2] 此处指伪托亚里士多德的一位作者,具体为何人,尚不可考。

[3] 《化学剧场》,第5卷(1660年),第790页(收集树上的果实,因为树上的果实在阴影中)。

[4] 本尼迪克特·费古勒斯(Benedictus Figulus, 1567—?),德国炼金术士、出版商、玫瑰十字会会员。他是帕拉塞尔苏斯文献的编辑者,也是17世纪初帕拉塞尔苏斯主义(Paracelsianism)的重要代表。——译者注

[5] 这本书的标题有一部分是这样的:炼金术黄金天堂……在那里……提供指示,金苹果园的苹果是如何从神赐的智慧树上摘下来的,等等。

[6] 《高阶炼金术》,第92页。

投以特殊的观照:"带上哲学家所说的那种生长在树上的火或生石灰,因为在那(火)中上帝自己以神圣的爱燃烧。"[1] 上帝自己就居住在太阳那炽热的光芒中,呈现为智慧树的果实,也因此是炼金过程的一种产物,其过程以树的生长为象征。如果我们记住,炼金过程的目的是要把世界灵魂——上帝的创世精神——从自然的链条中传递出来;那么,这种怪异的说法也就不足为奇了。在这里,这种想法激活了树诞生的原型,我们主要是从埃及和密特拉文化中知晓这一点的。在萨满教中盛行的一种观念是,世界的统治者生活在世界树的顶端[2],而基督教关于救世主在其族谱树顶端的陈述可以被视为与此相似的陈述。在图27中,女人的头"像花的雌蕊一样"升起来,可以与(德国)奥斯特布尔肯的密特拉浮雕相比较。[3]

有时这棵树又小又年轻,有点像"小小麦粒树"(grani tritici arbuscula)[4],有时又大又苍老,以橡树[5] 或世界树的形式出

---

[1] 《赫密斯神智学博物志》,第246页。
[2] 埃利德,《萨满教》第70页。
[3] 库蒙特,《与密特拉之谜有关的文字和纪念碑式人物》,第2卷第330页,和艾斯勒《世界之幔与天穹》,第2卷第519页。
[4] "太阳树的结构",《化学剧场》第6卷(1661年)第168页。
[5] 特拉维索的伯纳德,《化学剧场》第1卷(1659年)第706页。

现，因为它结出的果实是太阳和月亮。

10 树的栖息地

智慧树通常是独自生长的，根据阿布尔·卡西姆的说法，它生长在西部大地的"海上"，意思大概是在一座岛屿上。炼金术士们那种神秘的月亮植物"就像一棵种在海上的树[1]"。在米利乌斯的一则寓言中[2]，日月树矗立在海里的一座小岛上，它们生长在奇妙的水里，这种水是经由磁力从太阳和月亮的光芒中提取出来的。坤拉斯说："日月树，我们的大海中的红白珊瑚树，都是从这个小小的咸水泉里生长出来的。"[3] 在坤拉斯那里，盐和海水在所有事物中意味着母性的索菲亚，智慧之子，

---

[1] "极乐寓言"，《炼金艺术》，第1章第141页，很明显是指一座岛上的金苹果园的树，在那里也发现了神的食物（ambrosia）的来源。参见"珊瑚树"（同上，第143页）和《心理学与炼金术》，第449页。在《贝瑞公爵的时祷书》中，天国被表现为海上的一座圆形岛屿。
[2] 《哲学参考文献》第313页。
[3] 《混沌》第270页。

即哲学家,喝的就是她的奶水。阿布尔·卡西姆很可能熟悉波斯传统[他的姓阿尔—伊拉齐(al-Iraqi)也使他在地理上更接近波斯],尤其是关于《班达希经》中生长在名为瓦卢卡莎(Vourukasha)的大海中的那棵树的传说,或者是关于生长在潮湿的大地之母泉水中的生命之树的传说[1]。

树(或奇妙的植物)在山上也有它的栖息地。既然《以诺书》中的意象经常被当作例子,那么就应该提到,书中西部大地上的那棵树是矗立在一座山上的[2]。在《先知玛利亚的实践》[3]中,这种奇妙的植物也被描述为"生长在山上"。《火书》[4]中关于奥斯坦尼斯的那篇阿拉伯论文说:"它是一棵生长在山顶上的树。"树与山的关系不是偶然的,而是出于它们之间原始而广泛的同一性:两者都被萨满用作其天国之旅的目的[5]。正如我在其他地方说过的那样,山和树是人格和自性的象征;例

---

[1] 温迪斯曼,《琐罗亚斯德教研究》,第90页,第171页。
[2] 也许是为了纪念山上的闪族阿施塔特神殿。参见查尔斯,《外经与伪经》,第2卷第204页。
[3] 《炼金艺术》,第321页。
[4] 贝洛特,《中世纪炼金术士文集》,第3卷第117页。
[5] 埃利德,《萨满教》,第266页。

如，耶稣基督既可以用山来象征[1]，也可以用树来象征[2]。通常，这棵树矗立在花园里，这显然是对《创世记》的一种提示；因此，七颗行星之树是生长在赐福岛的"私家花园"里的[3]。在尼古拉斯·弗拉梅尔（1330？—1418？年）那里，那棵"最受赞誉的树"生长在哲学家的花园里[4]。

正如我们所看到的，树与水、盐和海水都有某种特殊的联系，因此与永恒之水有关，与炼金术士们的真正奥秘有关。这就是我们所知道的墨丘利斯，不要把他和汞元素，即粗野的或

---

[1] 埃皮法尼乌斯，《安科托拉斯》，第40章；圣安布罗斯，《约伯和大卫》，第1卷第4章第17节（米涅，P.L.，第14卷第818页）："一座又小又大的山。"

[2] 圣格雷格里大帝，《约伯记中的莫拉和亚》，第19卷，第1页（米涅，P.L.，第76卷第97页）："一棵将在我们心中培育的、结满果实的树。"

[3] "土星专题讨论会"，在米利乌斯的《哲学参考文献》第313页。参见斯图狄乌斯隐修院的圣狄奥多尔为君士坦丁堡的圣保罗所作的圣歌："哦，最受祝福的人，你从摇篮里开始茁壮成长，就像禁欲主义花园里的美丽植物；你散发着愉快的气味，因结满了圣灵那最美好的苹果而垂下头。"（彼得，《圣体论语》，第1卷第337页）

[4] 《赫密斯神智学博物志》第177页。

世俗的墨丘利斯相混淆。墨丘利斯是金属之树[1]。他是原初物质,或者说是其本源[2]。赫耳墨斯神(即墨丘利斯)"用那水浇灌他的树,用他的玻璃杯使花长高[3]"。我引用这段话是因为它表达了一种微妙的炼金术思想,即艺术家和奥秘是完全统一的。使树生长但同时也烧毁树的这种水[4]就是墨丘利斯,他被称为"双重的",因为他在自己身上把对立物结合在一起,既是金属又是液体。因此,他被同时称为水和火。作为树的汁液,他也因此是火一般的(参见图15),也就是说,这棵树具有水和火的性质。在诺斯替教中,我们遇到了西门·马格斯的那棵"大树",它由"超自然之火"组成。"凡有血气的都是从它那

---

[1] 《赫密斯神智学博物志》,第177页,也可参见第175页。
[2] 阿布·卡西姆,《穆斯林世界》霍姆亚德编,第23页。
[3] 雷普利,"论十二道门",《炼金术剧场》第2卷(1659年),第113页,以及《关于一切化学的歌剧》第86页。
[4] 正如雷普利所说,赫耳墨斯的树被"永恒的湿气"(humiditas maxime permanens)烧成了灰(同《关于一切化学的歌剧》,第39页)。参见该书第46页:"在那水里有火。"

里得到喂养。"[1] 与呈现在尼布甲尼撒[2]梦中的树一样。它的枝叶被耗尽，但是"果实生长并成形后，就被放进谷仓，而不是扔进火里"[3]。这个"超自然之火"的意象一方面与更早时期赫拉克利特的"永生之火"相一致，另一方面与更晚时期将墨丘利斯解释为火、解释为遍布整个自然界的生长女神的说法相一致，既有活力又有破坏性。那个"没有被扔进火里"的果实，自然就是经受住考验的人，即诺斯替教的"气动的"（pneumatic）人。哲人石的一个同义词，同样象征着内在的、完整的人，是"我们的谷物"（frumentum nostrum）[4]。

---

[1] 希波吕图斯，《埃伦科斯》，第6章第6节第8页。（莱格，第2章第5页）。

[2] 尼布甲尼撒二世（Nebudchadnezzar Ⅱ，公元前630—前561年），是位于巴比伦的伽勒底帝国最伟大的君主，曾征服犹大国和耶路撒冷，在其首都巴比伦建成著名的空中花园。——译者注

[3] 参见库马拉斯瓦米（Coomaraswamy）的《倒置的树》（*The Inverted Tree*）第126页，关于印度的相似表述："从下面看，这棵树是一根火柱，从上面看，它是一根太阳柱，从整体看，它是一根气动的柱子；它是一棵光明树。"提出这根柱子的主题是非常重要的。

[4] "Gloria mundi"，《赫密斯神智学博物志》，第240页。

树常常被表征为金属的[1]，通常是金的（golden）[2]。它与七种金属的联系暗示着与七颗行星的联系，这样，树就成为了世界树，它闪亮的果实就是星星。迈克尔·梅耶认为，木质的部分是指墨丘利斯（水星），花朵（由四部分组成）是指萨杜恩（土星）、朱庇特（木星）、维纳斯（金星）和玛耳斯（火星），而果实是指太阳和月亮[3]。有七根树枝的树（即七颗行星）在《曙光乍现》第二部[4]中曾被提及，且与月树或贝里萨[5]相等同，"它的根是含有金属的土地，它的树干是略带一些黑色的红色；它的叶子像马郁兰的叶子，根据月亮盈亏的周期，它的数量有三十片；它的花是黄色的"。从这段描述可以清楚地看出，这

---

1 墨丘利斯被称称为"金属树"（arbor metallorum），有关此象征的解释，请参见多恩的"关于帕拉塞尔苏斯的一些论文"，《化学剧场》第1卷（1659年）第508页。

2 关于金树，可参见"阿尔贝蒂的文本"，同上，第2卷（1659年）456页；还可参见阿布·卡西姆作品，霍姆亚德编辑版第54页，以及"智慧的精合"，《炼金艺术》第211页。

3 《炼金术士的象征》，第269页，关于格雷韦鲁斯。

4 《炼金艺术》，第1卷，第222页。

5 这种植物从根本上起源于荷马的白花黑根魔草（《神秘合体》第133页和第200页）。参见诺伯纳，"灵魂疗愈之花"，《埃拉诺斯年鉴》第12卷（1945年）第117页及其后。

棵树象征着整个炼金过程。因此，多恩说[1]："所以把那棵（行星或金属的）树种下吧，把它的根归于萨杜恩，并让变化无常的墨丘利斯和维纳斯从树干和树枝上升起，把叶子和坐果的花献给玛耳斯[2]吧。"当多恩说"大自然已经把这棵（金属）树的根栽在其子宫里"[3]时，其与世界树的关系便很明显了。

11 倒置的树

这种树经常被称为"倒置的树"[4]。劳伦修斯·文图拉（16世纪）说："它的矿石的根在空中，顶点在地里。当它们从所在的地方被拔出来时，就会听见一种可怕的声音，随之而来的

---

1 "黑暗对抗自然"，《炼金术剧场》第1卷（1659年），第470页。原文为："Plantetur itaque arbor ex eis [planetis s. metallis], cuius radix adscribatur Saturno, per quam varius ille Mercurius ac Venus truncum et ramos ascendentes, folia floresque fructum ferentes Marti praebent."

2 也就是说，献给白羊座，他的统治者是玛耳斯；因此是献给第一个春季星座。

3 "矿物系谱"，《化学剧场》，第1卷（1659年）第574页。

4 但丁在《炼狱》第27章第131节中，说的大概就是这个意思。

便是巨大的恐惧。"[1] 显然文图拉想到的是曼德拉草,把曼德拉草绑在一只黑狗的尾巴上,狗将它拖拽出地面,它就会尖叫。《世界荣光》中也同样提到,哲学家们说过:"它的矿物的根在空中,而它的头部在地里。"[2] 乔治·雷普利爵士说,树将它的根置于空中;而在别的地方他说,树将根置于"荣耀的土地"里,置于天堂之地,或未来的世界。

同样地,维吉尼亚声称,"拉比,即约瑟夫斯·卡尼图拉斯的儿子"曾说过:"每一个较低结构的根基都附于上方,而其顶点在下方,就像一棵倒置的树。"[3] 维吉尼亚对犹太神秘哲学有一定的了解,他在这里把智慧树比作生命树(Sefiroth),后者实则是一棵神秘的世界树;但在他看来,这棵树也象征着人。

---

[1] 原文为:"Radices suarum minerarum sunt in aere et summitates in terra. Et quando evelluntur a suis locis, auditur sonus terribilis et sequitur timor magnus." ["从理性的角度看石头",《炼金术剧场》第2卷(1659年)第220页。]
[2] 《赫密斯神智学博物志》,第240—270页。
[3] 原文为:"Rabbi Josephi Carnitoli filius ... inquit: fundamentum omnis structurae inferioris supra est affixum et eius culmen hic infra est sicut arbor inversa." ["火与盐"《炼金术剧场》第6卷(1661年)第39页。]《蔷薇十字引导》第55页中也说,古人称为倒置的树。

他引用《雅歌》7:5 的字句来证实人通过其发根嵌入天国的奇特想法:"你的头在你身上好像迦密山[1],你头上有紫黑色,王的心被这下垂的发绺系住了。"(… comae capitis tui sicut purpura Regis vincta[2] canalibus.) 这些"发绺"是一些小管子,也许是某种头饰。克诺尔·冯·罗森罗斯认为,这棵"大树"指的是提菲斯,即马鲁图斯的新郎[3]。上部的智的大能(Sefira Binah)被命名为"树的根部"[4],而生命树就在智(Binah)中扎根。因为这棵树位于花园的中央,所以被称为"中线"(linea media)。通过这条可以说是智的大能系统之树干的中线,它把生命从智带到了大地上[5]。

人是一棵倒置的树,这种观点在中世纪似乎很盛行。人文

---

[1] 迦密山是以色列北部的一个山脉,濒临地中海。得名于希伯来语"Karem Eυ",意思是"上帝的葡萄园"。古代这里是一片葡萄园,而且始终以肥沃著称。旧约中的伟大先知以利亚曾说,一生中有两座山对他深具意义:一座是迦密山,另一座则是何烈山(西奈山)。——译者注
[2] 原文本中错误地将"vincta"写成了"iuncta"。
[3]《神秘教义》第1卷,第166页。
[4] 同上,第77页。
[5] 同上,第629页。

主义者安德烈亚·阿尔恰托（死于1550年）在他的《象征与解说》中说："物理学家们很喜欢将人视为一棵倒置的树，因为一个有树根、树干和叶子，而另一个有头和身体的其余部分，包括胳膊和脚。"[1] 与印度概念的联系，是柏拉图提供的。克里希纳在《薄伽梵歌》（第15章）中说："我是群山中的喜马拉雅，是树木中的阿什瓦塔（ashvattha）。"这棵阿什瓦塔（菩提树）从上方将不朽之饮——苏摩（soma）[2]倾泻而下[3]。《薄伽梵歌》继续说道：

---

[1] 摘自该书第888页，原文为："Inversam arborem stantem videri hominem placet Physicis, quod enim radix ibi, truncus et frondes, hic caput est et corpus reliquum cum brachiis et pedibus."

[2] 苏摩（soma），是早期印度婆罗门教仪式中的饮品，来自一种未知植物的汁液。在部分梨俱吠陀的颂歌中，苏摩被人格化，以称呼代表这种饮品的神祇；众神中，因陀罗和阿耆尼经常饮用苏摩汁以增强神力。——译者注

[3] "带有圣杯的尼拘律树（Nyagrodha）——因为当众神献祭时，他们会倾倒圣杯，并且向下扎根，就像尼拘律树向下（nyak）扎根（roha）时一样。"神圣菩提树就是众神的座位（《阿塔瓦吠陀颂》，第5节第4页）。参见库马拉斯瓦米《倒置的树》，第122页。

在古老的传说中

有一棵菩提树,

被称为巨大的阿什瓦塔,

永恒的树,

根植于天堂,

它的树枝伸向大地;

它的每一片叶子

都是一首吠陀之歌,

知道它的人

知道所有的吠陀经。

向下和向上

它的树枝弯曲

靠三质[1]滋养,

它生出的蓓蕾

是有感官的东西,

---

[1] 三质:阿育吠陀认为,任何状态下都存在三质(Gunas,即三德):悦性、惰性、激性。它们被认为是三大自然原动力。——译者注

它也有树根

向下延伸

进入这个世界,

这就是人的行为之根[1]。

炼金术的一些经典插图把炼金过程表现为一棵树,把它的阶段表现为树叶[2],这些很容易让人联想到印度人通过吠陀,即通过知识获得解脱的观念。在印度文献中,树是从上向下生长的,而在炼金术中(至少从图画来看),树是从下向上生长的。在1546年的《无价之宝》这本书的插图中,它看起来很像一株芦笋。在我的病人所作的那一系列图画中,图27包含着相同的主题,事实上,芦笋向上的茎是潜意识的内容进入意识中的图解。无论东方西方,树都是生命过程和启蒙过程的象征,虽然它可以被理智所理解,但不该把它与理智相混淆。

作为宝藏守护者的树出现在炼金术关于"瓶中之灵"的神话里。由于它的果实中藏有珍宝,因此树是炼金(chrysopoea)

1《上帝之歌》(普拉巴马南达和伊舍伍德译),第146页。
2《心理学与炼金术》,图122和221。

或一般意义上的铸金（ars aurifera）的象征，这符合"赫拉克勒斯"[1]主张的原理："这种沉淀物始于一个根源，然后扩展到一些物质中，然后又回归到一。"[2] 雷普利把艺术家比作培育葡萄树的诺亚[3]，在贾比尔[4]那里，这棵树就是"神秘的桃金娘"[5]，在赫耳墨斯那里则是"智慧的葡萄树"[6]。霍格兰

---

[1] 指拜占庭皇帝赫拉克利乌斯（610—641年）。
[2] 莫里恩斯，"金属的嬗变"，《炼金艺术》，第2卷第25页，原文为："Hoc autem magisterium ex una primum radice procedit, quae postmodum in plures res expenditur et iterum ad unam revertitur."
[3] 《关于一切化学的歌剧》，第46页。
[4] 贾比尔（Abu Mūsā Jābir ibn Hayyān，721—815年），被誉为"现代化学之父"，是波斯炼金术士、药剂师、哲学家、天文学家、占星家、物理学家、地理学家、医生和工程师。他提出凡是金属皆由硫、汞两元素按不同比例组成的炼金学说；他的著作在十四世纪被翻译成拉丁文传入欧洲，对后来欧洲的化学产业的发展起过推动作用。——译者注
[5] 贝特洛，《中世纪炼金术士文集》，第3卷第214页。
[6] 参看霍格兰德《炼金术剧场》（1659年），第147页。"赫耳墨斯的代表作"（vindemia Hermetis）可追溯到佐西莫斯的作品中奥斯坦尼斯的一段话（贝特洛，《古希腊炼金术士文集》第3卷第6节第5段。）。

德[1]说:"但是,最完美的树在早春时才结出果实,在年末之始才开花。"[2]从这一点可以清楚地看出,树的生命代表着炼金过程,正如我们所知,这个过程与季节是一致的[3]。果实出现在春天,花朵出现在秋天,这一事实可能与倒置的树和反自然的过程的主题相关。《智慧寓言》给出了如下处方:"再说一遍,把这棵树种在石头上,它就不怕风吹;天堂的鸟儿也许会飞来,在它的枝上繁衍生息,因为智慧由此而来。"[4]在这里,树也是炼金过程真正的基础和奥秘。这个奥秘是广受赞誉的"珍宝中

---

[1] 霍格兰德(Theobaldus van Hoghelande,1560—1608年)是文艺复兴时期的炼金术士。——编者注

[2] 原文为:"Quidem fructus exeunt a perfectissima arbore primo vere et in exitus initio florent."霍格兰德指的是《特巴·布道第58篇》,在那本书中,巴尔古斯被问及:"你为什么不提那棵树了,那棵吃了它果子的人永远不会饥饿的树?"

[3] 炼金过程始于春天,那时的条件最为有利,而且"石头的元素最为丰富"《炼金术剧场》,第2卷(1659年),第253页。炼金过程与黄道十二宫的关系在《心理学与炼金术》中已有所示,见该书图92。

[4] 《炼金术剧场》,第5卷(1660年),第61页,原文为:
"Item planta hanc arborem super lapidem, ne ventorum cursus timeat, ut volatilia coeli veniant et supra ramos eius gignant, inde enim sapientia surgit."

的珍宝"（thesaurus thesaurorum）。正如金属树有七根树枝，沉思树也有七根树枝，就像一篇题为《沉思默想之树》的论文所表明的那样。那是一棵棕榈树，有七根树枝，每根树枝上坐着一只鸟："孔雀（这个词字迹模糊）、天鹅、哈佩雕、菲洛梅娜、鸥、凤凰"，每根树枝上长着一朵花："紫罗兰、菖兰、百合、蔷薇、藏红花、百里香、（……？）花"，所有这些词语都具有道德意义。这些观念，很像炼金术士的观念。他们对蒸馏釜中的树进行沉思，根据《化学的婚礼》记载，这个蒸馏釜是被一个天使拿在手中的。

12 鸟与蛇

如我所言，鸟与树有一种特殊的关系。"阿尔伯蒂手稿"说，亚历山大在他的伟大旅程中，发现了一棵内部有"光荣的绿色"（viriditas gloriosa）的树。这棵树上坐着一只鹳，亚历山大在那里建造了一座金色宫殿，"为他的旅行画上一个适宜的句号"[1]。树上有鸟，代表着炼金过程及过程的圆满。这个主

---

[1]《炼金术剧场》第2卷（1659年），第458页。

题也以图画的形式出现¹。树的叶子（光荣的绿色）向内生长的事实是反自然过程的另一个实例，同时也是沉思状态中内倾的具体表现。

蛇——显然是参考了《圣经》故事，也是与树联系在一起的，首先，这种联系是普遍的，这条蛇就是水银蛇，就像冥府的植物精灵（spiritus vegetativus）一样，从根长出，又回到树枝，这种关联更具体地表现为——因为它代表树守护神，以梅露西娜的形象显现²。水银蛇是一种神秘的物质，在内自我转化，由此构成了它的生命；"阿尔伯蒂手稿"谈到这一点。该文本很可能是对一幅图画的评论，遗憾的是，年的版本中没有这幅图画。评论以这样一句话开头："一幅天国的图画，它被称作天球，包含了八个最高贵的图形——第一个图形，它被称为第一个圆圈，而且是上帝的圆圈"，等等³。由此可以看出，这是一幅同心圆的图画。第一个最外层的圆圈包含着"神圣的词"（verba divinitatis），代表神圣的世界秩

1《心理学与炼金术》，图231以及《赫密斯神智学博物志》第201页。

2《心理学与炼金术》第537页，图10—12、157、257。

3《炼金术剧场》，第2卷（1659年）第456页。

序；第二个圆圈包含着七颗行星；第三个圆圈包含着"易腐败的"和"创造性的"元素（generabilia）；第四个圆圈包含着一条从七颗行星中迸发而出的愤怒的龙；第五个圆圈包含着龙的"头和死亡"；龙的头"永生"，被命名为"光荣的生命"（vita gloriosa），而且"有天使服侍它"。龙首（caput draconis）在这里显然等同于基督，因为"有天使服侍它"这句话是指《马太福音》4:11[1]，在那里基督已经弃绝了撒旦。但如果龙头等同于基督，那么龙尾就必定等同于反基督者或魔鬼。根据这个文本，龙的整个身体被头吞噬，因此魔鬼与基督融为一体。这条龙对抗上帝的形象，但上帝的力量植入龙体内，并形成了它的头："全身服从于头，而头恨身体，便从尾巴开始杀害它，用牙齿啃噬它，直到全身进入头部，并永远留在那里。"[2] 第六个圆圈包含着六个图形和两只鸟，即鹳。这些图形很可能是人，因为这个文本说，其中一个看起来像埃塞俄比亚人[3]。看起来鹳

---

[1] 《马太福音》4:11："于是魔鬼离了耶稣，有天使来伺候他。"——译者注

[2] 同上，第457页。

[3] 参见冯·弗朗茨《永远的激情》，第46页。

和鹈鹕一样,代表循环蒸馏器(vas circulatorium)[1]。这六个图形中的每一个都代表了转化的三个阶段,它们与两只鸟一起构成了八位一体——作为转化过程的象征。这个文本说,第七个圆圈显示了"神圣的词"和七颗行星与第八个圆圈的关系,第八个圆圈包含着金色的树。作者说他宁愿对第七个圆圈的内容保持沉默,因为这是伟大秘密的开始,只有上帝自己才能揭示。在这里,能发现国王戴在王冠上的那块石头。"智慧的女人把它藏起来,愚蠢的处女四处炫耀,因为她们希望被掠夺。""教皇、某些牧师和僧侣辱骂它,因为这是上帝的律法所要求的。"

第八个圆圈中金色的树"像闪电一样"发光。就像雅各布·伯麦所说的那样,闪电在炼金术中象征着突然的狂喜和启示[2]。树上坐着一只鹳。第六个圆圈里的两只鹳分别代表了被用于三个阶段两次转化的蒸馏器,而坐在金色的树上的鹳则具有更广泛的意义。自古以来,它被认为是"虔诚的鸟"(pia avis),

---

1 关于这个容器在炼金术中的重要性,参见《心理学与炼金术》。鹈表一种蒸馏釜。
2 参见《个性化过程的研究》,第295页。

而且在《塔木德》[1]的传统中也是如此[2]，尽管在《利未记》[3] 11：19中被列为不洁的野兽；它的虔诚可以追溯到《耶利米书》8：7："空中的鹳鸟知道来去的定期……我的百姓，却不知道耶和华的法则。"在罗马帝国，鹳象征着虔诚，而在基督教传统中，用它比喻审判者耶稣基督——因为它消灭了蛇。正如蛇或龙是树的冥府守护神，鹳是树的精神原则，因此是原人的一种象征。[4] 炼金术的鹳的先驱之一，必须算上条顿神话中的阿德巴鹳，它把在赫尔达之泉中复活的死者的灵魂带回人间[5]。但认为这部"手稿"出自阿尔伯图斯·马格纳斯之手的观点是非常值得怀疑的。从风格上判断，它对哲学树的讨论很难追溯到16世纪以前。

1《塔木德》（*Talmud*），是犹太教中的宗教文献，其地位仅次于《塔纳赫》，作于公元前2世纪至公元5世纪，记录了犹太教的律法条例和传统。——译者注
2 格林鲍姆，《犹太—德语古文选》，第174页。
3《利未记》（*Leviticus*）是摩西五经中的第三本。全书内容主要是记述利未族的祭司团需谨守的一切律例。——译者注
4 皮西内勒斯《世界符号》，第1卷第281页。
5《生命之树和生命之水的传说》，第85页。

13　女性的树守护神

树作为转化和更新的场所,具有女性和母性的意义。我们已经从雷普利的《卷轴》中看到,树的守护神是梅露西娜。在《潘多拉》中,树干是一个戴着皇冠的裸体女人,每只手拿着一支火把,头上的树枝上坐着一只鹰[1]。在希腊风格的历史遗迹上,伊西斯有着梅露西娜的形象,她的属性之一就是火炬。其他属性是葡萄藤和棕榈树。勒托[2]和玛利亚[3]都是在棕榈树下生下孩子的,而摩耶[4]在佛陀出生时也被圣树遮蔽着。"所以希伯来人说",亚当是从"生命树的大地""大马士革的红土地"中被创造出来的[5]。根据这个传说,亚当与生命树的关系就像佛陀与菩提树的关系一样。树的"女性—母性"的性质,

---

[1]《心理学与炼金术》,图231。
[2] 勒托(Leto),是希腊神话中的泰坦女神,司掌保育和哺乳,勒托含有"遗忘""隐蔽"的意思,故勒托一般只和她的孩子一起被崇拜。——译者注
[3] 参见《古兰经》,苏拉第19章。
[4] 摩耶(Maya),也称摩诃摩耶,意为"大幻化",代表印度教中认为世界是幻相和假想的一种世界观。此处指佛陀生母摩耶夫人。——译者注
[5] 斯蒂布《倒悬树球面》,第49页。

也表现在它与智慧的关系上。《创世记》中的知识树在《以诺书》中是智慧树,其果实与葡萄相似[1]。据爱任纽说[2],在巴贝罗派的教义中,自体基因最终创造了"完美而真实的人,它们也称他为亚当"。与他一起被创造的是完美的知识:"从(完美的)人和灵知中诞生了树,它们也把这棵树称为灵知。"[3] 在这里,我们发现人与树的关系和亚当与佛陀的关系是一样的。类似的联系也出现在《阿基来行传》[4]中:"但在天堂里的那棵树——由此善被认识——就是耶稣以及世界对他的认识。"[5]《智慧寓言》说:"因为智慧从那里(即从那棵树)而来。"[6]

---

[1] 查理士《外经与伪经》,第207页。

[2] 爱任纽(Irenaeus,130—202年),使徒教会后期的神学家。——译者注

[3] 原文为:"Ex Anthropo autem et Gnosi natum lignum, quod et ipsum Gnosin vocant."

[4] 赫格曼尼亚斯(Hegemonius,约生活于4世纪上半叶)的《阿基来行传》(Acta Archelai),原本为希腊文,今仅存片段,有拉丁文译本留传至今。——译者注

[5] 原文为:"Illa autem arbor quae est in paradiso, ex qua agnoscitur bonum, ipse est Jesus et scientia eius quae eat in mundo." 赫格曼尼亚斯,《阿基来行传》(比森编),第18页第15段。

[6]《炼金术剧场》,第4卷(1660年),第61页。

在炼金术中也发现了类似的树的概念。我们已经遇到过把人视作一棵倒置的树的概念,这一观点也可以在犹太神秘哲学中找到。《埃利泽拉比文萃》[1]说:"泽西拉拉比说过,'关于树的果实'——这里的'树'只是指人,他被比作树,正如人们所说,'因为人是田野的树'(《申命记》20:19)。"在查斯丁[2]的灵知中,伊甸园中的树是天使,而善恶知识树是第三位慈母般的天使——纳斯[3]。把树的灵魂分为男性和女性的形象,与炼金术中作为树的生命法则的墨丘利斯相对应,因为作为一种雌雄同体,他是双重的。

在《潘多拉》的图画中,树干是女人的身体,指的是扮演智慧的女性角色的墨丘利斯,而扮演男性角色时,则以老墨丘利斯或赫耳墨斯·特利斯墨吉斯忒斯为象征。

---

[1] 这部文萃可追溯至7—8世纪。埃利泽(本·海尔卡纳斯)生活在2世纪。
[2] 基督教早期教父,生于巴勒斯坦,认为希腊哲学中的逻各斯即基督,被后世教会称作护教士,著有《护教论》两篇。——译者注
[3] 纳斯,即蛇,是纳赛内派的原初物质,一种像泰勒斯的水一样的"湿润物质"。它是一切事物的本质,并且包含着一切事物。它就像伊甸园的河流,分成四条小溪。

14 作为哲人石的树

正如树和人是炼金术中的核心象征,哲人石也是,它具有原初物质和终极物质的双重意义。上述源自《智慧语言》的引文——"把这棵树种在石头上,它就不怕风吹"——似乎是在暗指一个寓言,说的是建在沙子上的房子,当洪水来袭或大风吹起时,就轰然倒塌了(《马太福音》7:26—27)。因此,石头可能仅仅意味着由正确的原初物质所提供的坚实基础。但是上下文指的是石头的象征意义,正如前面的那句话所阐明的:"用你所有的力量来获取智慧,因为你将从中汲取永恒的生命,直到你的(石头)凝结,你的惰性消失,因为生命从那里而来。"[1]

米利乌斯说:"原初物质是一种油性的水,也是哲人石,它的枝丫可以无限延伸。"[2] 在这里,石头本身就是树,被理解为"狂暴的物质"(诺斯替教的流体)或者是"油性的水"。由于水

---

[1] 原文为:"Item accipe sapientiam vi intensissima [m] et ex ea vitam hauries aeternam, donec tuus [lapis] congeletur ac tua pigredo exeat, tunc inde vita fit."《炼金术剧场》,第4卷(1660年),第61页。

[2] 对于"无限增殖的分支",我读作"无限"。

和油不能混合，这代表了墨丘利斯的双重或相反的性质。

同样，《智慧的结合》在评论西尼尔时说："因此，这块石头是由自身并在自身中得到完善的。因为它是一棵树，它的枝叶、花朵和果实都是从它身上长出来的，并且通过它，为它而生，它本身就是完整的，或者说是一个整体（tota vel totum），而不是其他任何东西。"[1]因此，树和石头是同一的，树也就像石头一样，是整体性的象征。坤拉斯说：

智慧之石是由它自身，从它自身，在它自身中，并通过它自身被创造出来并得到完善的。因为它只代表一件事：就像一棵树（西尼尔说），它的树根、树干、树枝、嫩枝、叶子、花朵和果实都是由它、通过它、从它之中以及在它上面长出来的，它们都来自同一粒种子。它本身就是一切，没有别的东西能造就它。[2]

在阿拉伯文的《奥斯坦尼斯书》中，有一段关于这种神秘

---

[1]《炼金术研究》，第160页。
[2]《混沌》，第20页。

物质或者水的描述，说它有各种各样的形式，最初是白色的，然后是黑色的，然后是红色的，最后是一种可燃液体，或者说是一种火，它是从波斯的某种石头中制造出来的。这个文本继续说道：

它是一棵生长在山顶上的树，一个出生在埃及的年轻男子，一个来自安达卢西亚[1]的王子，他渴望获得探索者所受的折磨。他杀了他们的领袖。……圣人们无力对抗他。我发现，没有什么武器可以对付他，除了靠顺从的态度，靠知识的战马和理解的盾牌。如果探索者发现自己带着这三件武器来到他面前，并杀死了他，那么他（王子）在死后会复活，他将失去所有对抗他的力量，并将给予探索者最高的力量，这样他就会达到他想要的目标。[2]

这段话所在的那一章的开头是这样的："圣人说，学生首

---

[1] 西班牙南部一富饶的自治区，源于阿拉伯语，意为"汪达尔的土地"。——译者注
[2] 贝特洛《中世纪炼金术士文集》，第2卷，第117页。

先需要了解这块石头,这是古人所向往的东西。"水、树、年轻的埃及人和安达卢西亚王子,都是指这块石头。水、树和男子都是作为它的同义词出现在这里的。王子是一个重要的象征,需要稍加说明,因为它似乎呼应了在《吉尔伽美什史诗》[1]中被发现的一个原型主题。在那里,神应受辱的伊师塔[2]之命,创造了恩奇都[3],这个冥府里的男人和吉尔伽美什的阴影,这样他就可以杀死主人公。王子以同样的方式"渴望获得探索者所受的折磨"。他是探索者的敌人,并且"杀了他们的领袖",也就是杀死了这门艺术的大师和权威。

这个敌意之石的主题,在《智慧寓言》中表述如下:"除

---

[1]《吉尔伽美什史诗》是目前已知最古老的英雄史诗,由许多原本独立的情节组成,较为完整的版本来自公元前7世纪尼尼微的亚述巴尼拔图书馆的藏品,是一部关于古代美索不达米亚地区乌鲁克城邦领主吉尔伽美什的赞歌。——译者注

[2] 伊师塔(Ishtar),又译作"伊什塔尔"或"伊修塔尔",是巴比伦的农业神,在古代巴比伦和亚述宗教中象征金星,同时也是司爱情、生育及战争的女神。在苏美尔人的艺术作品中,伊斯塔常和狮子(力量的象征)一起出现,手中持有谷物。——译者注

[3] 恩奇都在《吉尔伽美什史诗》里是浑身长毛、头发卷曲的野人,与吉尔伽美什亦敌亦友。——译者注

非你的石头成为敌人,否则你将无法达成你的愿望。"[1] 这种敌人在炼金术中以有毒或喷火的龙和狮子的伪装形式出现。狮子的爪子必须被砍断[2],龙必须被杀死,否则它就会根据德谟克利特的原则杀死或吞噬自己:"本性以本性为乐,本性支配本性,本性征服本性。"[3]

炼金术权威的被杀,不能不让我们想起《潘多拉》中一幅有趣的图画:梅露西娜用长矛刺向耶稣基督的肋部。梅露西娜与诺斯替教的恶魔猎手相对应,代表了墨丘利斯女性的一面,即女性的努斯(理智,纳赛内派的纳斯),它以蛇的形式诱惑了我们的第一代父母。与此类似的是前面提到的《论亚历山大大帝》中的那句话:"采摘这些果实吧,因为这棵树的果实带领我们进入了黑暗并穿越了黑暗。"[4] 由于这一忠告明显违背了《圣经》和教会的权威,人们只能假设它是由一个有意识地反对教

---

[1] 原文为:"Nisi lapis tuus fuerit inimicus, ad optatum non pervenies."《炼金术剧场》,第5卷(1660年)第59页。
[2] 参见《心理学与炼金术》。
[3] 贝特洛《古希腊炼金术士文集》,第1卷第3节第12段。
[4]《炼金术剧场》第5卷(1660年),第790页。

会传统的人说的。

《奥斯坦尼斯书》与《吉尔伽美什史诗》的这种联系是有趣的，因为奥斯坦尼斯被认为是波斯人，且与亚历山大大帝同时代。进一步比对恩奇都和安达卢西亚王子，以及一般意义上的石头的最初敌意，我们可以引用海德尔的传说[1]。海德尔是真主的信使，起初摩西曾因他的恶行而感到恐惧。这个传说被认为是一种幻觉的体验或是一个说教故事，它一方面阐述了摩西与他的阴影，即他的仆人约书亚·本·农之间的关系，另一方面阐述了他与自性，即海德尔之间的关系[2]。哲人石和它的同义词同样是自性的象征。从心理学上来说，这意味着在第一次与自性相遇时，所有那些消极的品质都会出现，这几乎无一例外地表现为与潜意识的意外相遇[3]。危险在于潜意识的泛滥，如果意识心灵不能在理智上或道德上同化潜意识内容的入侵，那么在糟糕的情况下，这种危险就可能以精神病的形式出现。

1　《古兰经》，第18章苏拉。
2　参见《论复活》，第135页。
3　《永恒之岛》，第8页。

15 这门技艺的危险

《曙光乍现》第一部在谈到对这门艺术（炼金术）的大师们构成威胁的危险时说："噢，有多少人不懂智者的话语啊；这些人因自己的愚昧、缺乏属灵[1]的悟性，就灭亡了。"[2] 霍格兰德认为，"确切地说，整个这门艺术既困难又危险，任何一个不乏远见的人都会把它当作最致命的东西来回避"[3]。埃吉迪乌斯·德·瓦迪斯也有同样的感受，他说："我将对这门科学保持沉默，它使大多数研究人员陷于困惑，因为真正找到他们所寻求的东西的人很少，而投身于毁灭的人却无穷无尽。"[4] 霍格兰

---

[1] 属灵，在《圣经》中多半和"属肉体""属血气"对举，指行事作为有上帝的聪明智慧，合乎上帝的意旨。——译者注

[2] 《曙光乍现》（冯·弗朗茨编），"因此，这是一个伟大的标志，在对它的调查中，有些人已经死亡"。（《炼金艺术》第2卷第264页）"你们这些追求智慧的人要知道，许多人为了这门艺术已经死亡了，它的根基是比其他事物更强烈、更崇高的事物。"《特巴》，《炼金艺术》第1卷第83页。

[3] "炼金术的困境"，《炼金术剧场》第1卷（1659年）第131页。

[4] "哲学与自然的对话"，同上，第1卷（1659年）第104页。

德引用哈利的话说:"我们的石头对于知道它以及知道如何制造它的人来说是生命,而对于那些不知道它也没有制造过它的人,以及在它即将诞生时没有为它提供保证的人[1],或者认为它是另一块石头的人,已经为他自己准备好了死亡。"[2] 霍格兰德清楚地表明,这不仅仅是中毒[3]或可能发生爆炸的危险,还是精神失常的危险:"让他注意识别并防范魔鬼的欺骗,魔鬼经常暗中潜入化学操作,用虚妄无用的事来牵制实验人员,使

---

[1] 参见杜·康热《辞典》,第2卷第275页,"证明"(certificatio)。

[2] 原文为:"Lapis noster est vita ei qui ipsum scit et eius factum et qui nesciverit et non fecit et non certificabitur quando nascetur aut putabit alium lapidem, iam paravit se morti." 霍格兰德《炼金术剧场》,第1卷(1659年)第183页。

[3] 这种危险是众所周知的。"由于它带来的火和硫黄的蒸发,因此炼金过程非常危险。"《炼金术剧场》,第2卷(1659年)196页。"我(圣水)击中他们的脸,留下一个伤口,打掉了他们的牙齿,并通过烟雾带来许多疾病。"《炼金艺术》第1卷,第293页。"从一开始,炼金过程就像一种致命的毒药。"《炼金术剧场》,第2卷(1659年)第259页。炼金术士们似乎已经知道了水银的毒性。

他们忽视本性的工作。"[1] 他引用阿尔费迪乌斯的一句话来证明这种危险:"这块石头出自一个崇高而又荣耀的极为可怕的地方,它曾使许多圣人死于非命。"[2] 他还引用了莫伊塞斯的话:"这项工作来得突然,就像云彩从天国降临。"他还引用了米克莱里斯的话:"如果你突然看到这种转变,惊奇、恐惧和颤抖就会降临到你身上;因此,要谨慎操作。"[3]

"柏拉图四书"中同样提到了这种恶魔力量的危险性:"在准备工作的某一时刻,某些种类的精灵会反对这项工作,而在另一时刻,这种反对又不会出现。"[4] 其中表达最清楚的是奥林匹奥德鲁斯(6世纪):"蛇夫座[5]恶魔一直在诱导我们出错,妨

---

[1] 原文为:"Cautus sit in diaboli illusionibus dignoscendis et praecavendis, qui se chemisticis operationibus saepius immiscet, ut operantes circa vana et inutilia detineat praetermissis naturae operibus."(霍格兰德,第126页)《曙光乍现》(冯·弗朗茨编,第51页)谈到"让实验人员的心灵受到感染的恶臭和蒸汽"。

[2] 霍格兰德版,第160页,原文为:"Hic lapis a loco gloriosissimo sublimi maximi Terroris procedit, qui multos sapientes neci dedit."

[3] 同上,第181页。

[4] 《炼金术剧场》第5卷(1660年),第126页。

[5] 蛇夫座是赤道带星座之一,从地球看位于武仙座以南,天蝎座和人马座以北,银河的西侧。——译者注

碍我们的意图；他里里外外到处爬，引发疏忽、恐惧和手忙脚乱，有时他又通过骚扰和伤害以迫使我们放弃这项工作。"[1]他还提到，铅中附着了一个能使人发疯的恶魔[2]。

炼金术士所期待或体验到的石头的奇迹，一定是极其神圣的，这就可以解释他对亵渎神秘的神圣恐惧了。"任何人说出这块石头的名字，他的灵魂必定会受到谴责，因为他无法在上帝面前为自己辩护"，霍格兰德说[3]。我们应该严肃看待这一信念。他的论著是一个诚实而有理性的人的作品，与其他论著，特别是卢利的论著那种装模作样的蒙昧主义有很大的不同。既然这块石头有"一千个名字"，人们只想知道霍格兰德不愿透露的是哪一个名字。这块石头确实使炼金术士们感到非常尴尬，因为既然它不是被造出来的，也就没有人能说出它到底是什么。在我看来，最有可能的假设是，这是一种精神性的体验，这可以解释为什么人们会反复表达对精神障碍的恐惧。

---

1 贝特洛《古希腊炼金术士文集》，第2卷第74节第28页。
2 同上，第2卷第4节第43、46页。
3 《炼金术剧场》，第1卷第160页。原文为："Nomen lapidis patefacere nemo potest sub animae suae condemnatione, quia coram Deo rationem reddere non posset."

魏伯阳[1]，我们所知道的最古老的中国炼金术士（公元2世纪），对炼金过程中由犯错而导致的危险后果作了有益的说明。在对石头的奇迹做了简短的介绍之后，他描述了真人——真正或完整的人——是这项工作的开始和结束："真人至妙，若有若无。仿佛大渊，乍沉乍浮。"真人作为一种物质实体出现，就像多恩的真理一样[2]，其中"方圆径寸，混而相拘。先天地生，巍巍尊高"[3]。这再次表达了我们在西方炼金术中所发现的那种极端神圣的印象。

魏伯阳接着谈到这样一个区域，"环匝关闭，四通踟蹰。守御密固，闼绝奸邪。……可以无思，难以愁劳。神炁满室，莫之能留。守之者昌，失之者亡"。因为后者将采用"脏法"（是

---

[1] 魏伯阳（151—221年），本名魏翱，字伯阳，会稽上虞（今浙江省绍兴市上虞区）人。东汉时期炼丹理论家，尚书魏朗之子。所著《周易参同契》，是现存最早系统阐述炼丹理论的著作，奠定了道教丹鼎学说的理论基础，被后世奉为"万古丹经之王"，英国学者李约瑟在《中国科学技术史》中更是将之誉为"全球第一本这方面的书籍"。——译者注

[2] 《永恒之岛》，第161页。多恩（John Donne）（1572—1631年），英国诗人，玄学派诗歌的创始人物。——译者注

[3] 魏伯阳"一部古代中国的炼金术经典"，第237页（这里指魏伯阳所著《周易参同契》——译者注）

非历脏法）：他将按照太阳和星星的轨迹来指引自己在所有事情上的方向，换句话说，他将按照中国人的行为准则过一种合理有序的生活。然而这并不是讨"阴"之道（女性原则）的欢心，或者，我们应该说，意识的秩序原则与潜意识并不协调（在男性身上有女性特征）。如果炼金术士在这一点上按照传统上被认为是理性的规则来安排他的生活，他就会把自己带入危险。"浊乱弄元胞。"元胞（黑弥撒）就是混沌，西方炼金术中的混乱或黑化，即原初物质，外面黑，里面白，像铅一样。它是隐藏在黑暗中的真人、完人，受到理性而正确的生活行为的威胁，使自性化受到阻碍或偏离到错误的道路上。这个气（炁），这种精华（西方炼金术中玫瑰色血液）是无法被"抑制"的：自性挣扎着使自己显化，并威胁要压倒意识[1]。这种危险对西方炼金术士来说尤其巨大，因为效法基督的理想使他认为，将灵魂的实体以玫瑰色血液的形式发散出来，是一项实际上已交托给他的任务。他觉得，不管这些要求是否使他负担过重，他在道德上有义务实现自性的这些要求。他认为，上帝和他的最高道德准则要求这种自性的牺牲（self-sacrifice）。当一个人屈服于这些

1《永恒之岛》，第23页。

要求的紧迫性而死亡时，这确实是一种自性的牺牲，是自性的一种真正的献祭，因为这时自性也已经输掉了比赛，毁灭了本应是它的容器的人。正如这位中国炼丹大师正确地观察到的那样，当社会生活之外的事情被考虑到的时候，即潜意识和自性化过程开始整合的时候，如果传统的、道德的和理性的行为准则开始奏效，那么这种危险就会出现。

魏伯阳生动地描述了这种错误所带来的生理和心理后果："食炁鸣肠胃，吐正吸外邪。昼夜不卧寐，晦朔未尝休。身体日疲倦，恍惚状若痴。百脉鼎沸驰，不得清澄居。"这段话说明，（遵循自觉的道德）建造圣殿，勤勉看守，早晚供奉，也不会有任何用处。"鬼神见形象，梦寐感慨之。心欢意喜悦，自谓必延期[1]。遽以夭命死。"作者补充道："举措辄有违，悖逆失枢机。"西方炼金术的洞察力并没有达到这样的深度。尽管如此，炼金术士们还是意识到了这项工作微妙的危险，而且他们知道，这不仅对炼金术士的智慧提出了较高的要求，而且对

---

[1] 这是自命不凡的一个典型症状。一位有名气的人曾经向我保证他会活很长时间；他至少需要活150年。一年后他死了。在这种情况下，即使对普通人而言，这种自命不凡也是显而易见的。

他们的道德品质也提出了较高的要求。因此，克里斯蒂安·罗森克鲁茨[1]著作中的皇室婚礼的邀请函上这样写着：

时刻小心，时刻注意；

除非勤勉地洗浴，

否则婚礼不会保你不受伤害；

他在此耽搁，就会受伤；

让他当心，轻微小事也有其重量。

从《化学的婚礼》中发生的事情可以清楚地看出，该书关注的不仅是皇室夫妇的转化和结合，还有炼金术士的自性化。与阴影和阿尼玛[2]的结合是一个不可掉以轻心的难题。随后出现的对立问题以及由此带来的无法回答的疑问，导致了以神秘体验形式呈现的一系列补偿性原型内容。炼金术士们很久以前

---

1 《化学的婚礼》，第16页。
2 阿尼玛原型为男性心中的女性意象，又可译为女性潜倾，是男人心灵中的女性成分。每个男人的阿尼玛不尽相同。男人会对心中阿尼玛的特点感到喜爱，在遇到像自己的阿尼玛的女性时，他会体验到强烈的吸引力。——译者注

就知道了心理学直到后来才发现的情结——象征——尽管他们的知识有限。劳伦修斯·文图拉用几句简洁的话表达了这一洞察:"这项作品的完成不在于艺术家的力量,而在于最仁慈的上帝亲自将它赐给他喜悦的人。而在这一点上,存在着所有的危险。"[1] 我们可以补充说,"最仁慈的"这个词完全可以被当作一种辟邪用的婉辞。

16 理解作为一种防御手段

在讨论了威胁炼金术士的危险之后,让我们回到第14节中引用的那段奥斯坦尼斯的话。炼金术士们知道,他们无法抵抗以安达卢西亚王子的形式出现的哲人石。它似乎比他们更强大,这段文本说,他们只有三种武器——"顺从"的态度,"知识"的战马,以及"理解"的盾牌。从这一点可以明显看出,一方面,他们认为采取不抵抗政策是明智的,而另一方面,他

---

[1] 原文为:"(Operis perfectio) non est enim in potestate artificis, sed cui vult ipse Deus clementissimus largitur. Et in hoc puncto totum est periculum." 《炼金术剧场》,第2卷(1659年)第296页。

们又寻求智慧和理解的庇护。"哲学家不是石头的主人,而是它的仆从。"[1]这句话证明了哲人石的卓越力量。显然,他们必须屈服于它的力量,但带着一种有所保留的理解,这将最终使他们能够杀死"王子"。如果我们假定炼金术士们尽了最大的努力去理解这个显然不可战胜的东西,从而突破它的力量,那我们的假定大概不会有错。这不仅是一个著名的童话主题(侏儒怪!),也是一个非常古老的原始信仰,谁能猜出这个秘密的名字,谁就有权控制它拥有的力量。在心理治疗中,一个众所周知的事实是,似乎不可能发作的神经症状,往往可以通过有意识地理解和体验其背后的内容而使其变得无害。显而易见,维持症状的能量此时被置于意识的支配之下,一方面增强了患者的生命力,另一方面也减少了无用的抑制和类似的干扰。

为了理解奥斯坦尼斯的这个文本,我们必须牢记这样的体验。当先前潜意识的、超自然的内容自发地或通过应用某种方法而出现在意识中时,这样的体验就会发生。在所有的魔法文

---

[1] 原文为:"Philosophus non est magister lapidis, sed potius eius minister."《炼金艺术》,第2卷第356页。

本中，据说炼金术士将继承被征服的恶魔的力量。我们的现代意识几乎无法抗拒以同样方式进行思考的诱惑。我们很容易假设，精神的内容可以任由洞察力来使用。只有对那些无论如何都没有多大意义的内容，这种假设才是正确的。神秘的观念情结可能会被诱导而改变其形式，但既然它们的内容可以采取任何数量的形式，它就不会消失，也不会变得完全无效。它拥有一定的自主性，当它被压抑或被系统地忽视时，它就会以一种消极和破坏性的伪装重新出现在另一个地方。魔术师所想象的为他效劳的魔鬼，却最终使他走上绝路。为了自己的目的，试图把魔鬼当作仆人来使用，纯属浪费精力；相反，这个野心膨胀的人物，其自主性应该在宗教意义上被铭记于心，因为这种自主性是驱使我们走向自性化的可怕力量的源泉。因此，炼金术士们毫不犹豫地赋予了他们的石头以积极的神圣属性，并把它当作一个微宇宙和一个人，与基督同等——"而在这一点上存在着所有的危险"。我们既不能也不该冒着精神毁灭的危险，试图强迫这种神秘的存在进入我们狭隘的人类模具之中，因为它比人的意识和意志更强大。

正如炼金术士偶尔会暴露出一种倾向，即使用潜意识中产生的象征符号作为具有魔力的名称，现代人类似的使用理智概念,以达到否认潜意识的相反目的,仿佛有了理性和智慧,就可以变戏法般地使生命的自主权变得不存在。奇怪的是,有人批评我,认为我是所有人当中最想用理智概念来取代生命精神的人。我不明白他们怎么能忽视这样一个事实,即我提出的概念以实证的发现为基础,这些概念并非他物,只是某些经验领域的名称。如果我没有提出我的陈述所依据的事实,这种误解是可以理解的。批评我的人偏偏忽略了一个显而易见的真相,即我所说的是生命精神的事实,并非是在使用哲学的杂技。

17 折磨的主题

奥斯坦尼斯的文本,为我们深入了解炼金术士们所体验到的那种自性化过程的现象学,提供了宝贵的洞见。说到王子对工艺师所受的"折磨"的渴望,这是相当有趣的。这个主题出现在西方文本中,但形式相反,受折磨的不是工艺师,而是墨丘利斯,或者是哲人石,或者是树。角色的颠倒表明,工艺师想象他是折磨人的人,而事实上他是被折磨的人。直到后来,当他发现这项工作有让他自己付出代价的危险时,他才明白这一点。折磨被投射的一个典型例子就是佐西莫斯的幻象。《特巴》中说:"拿出那个古老的黑色精灵,用它来毁坏和折磨[1]身体,直到它们被改变。"[2] 在别处,一位哲学家对聚集在一起的圣人们说:"那受折磨的东西,当它浸没在身体里时,就会具有不可改变和不可摧毁的性质。"[3] 蒙杜斯在《布道》第18卷中说:"究竟有多少人搜索这些用途[4],(甚至)找到了一些用途,却依然无法忍受折磨。"[5]

这些引文表明,折磨这个概念是一个模棱两可的概念。在第一种情况下,受折磨的是身体,即工作的原材料;在第二种情况下,受折磨的东西无疑是那种神秘的物质,通常被称为"事物"(res);在第三种情况下,受折磨的是研究者本人,他们无法忍受这种折磨。这种模棱两可并非偶然,而是有其深层次的原因。

在与《特巴》的拉丁文译本同时期的古老文本中,有一些用

[1] 原文是"摧毁和破坏"。
[2] 鲁斯卡编辑版,第152页。
[3] 同上,第168页。
[4] 所谓"用途"是指神秘物质,如文本中提到的"gumma"(永恒之水)。
[5] 折磨(Poenas),与佐西莫斯所说的地狱相对应。

巫术莎草纸的形式记录的可怕折磨方法，例如给活公鸡开膛或拔毛[1]，在加热的石头上把人烘干[2]，断手断脚[3]，等等。在这里，折磨被施之于身体。但是我们在同样古老的《论米克莱里斯》[4]中发现了另一种说法。据说，就像造物主将灵魂与身体分开，并对它们进行评判和奖励一样，"所以我们也必须对这些灵魂使用奉承（adulatio uti）[5]，并对他们施以最严厉的惩罚（poenis，附带边注：laboribus，即"劳苦"）"。在这一点上，一位对话者提出了这样的疑问：灵魂是否可以被这样对待，因为它是"脆弱的"，且不再居住于身体里。那位大师回答说："它必须受到最微妙的精神事物的折磨，也就是受到与之类似的炽烈本性的折磨。因为如果身体受到了折磨，灵魂就不会受折磨，折磨也就不会临到它；因为它具有属灵的性质，只有属灵的东

---

[1]《智慧寓言》，引自《炼金艺术》，第1卷第140页。
[2] 同上，第139页。
[3]《阿瑞思雷的幻象》，引自《炼金艺术》，第151页。
[4] "米克莱里斯"（Micreris）是阿拉伯语的音译导致的"墨丘利斯"（Mercurius）一词的变体。
[5] "奉承"通常指皇室婚姻中的爱情游戏。在这里，它的作用是提取灵魂。

西才能触及它。"[1]

在这里,受折磨的不是原初物质,而是从原初物质中提取出来的,现在必须蒙受精神殉难的灵魂。这个"灵魂"通常与神秘物质相对应,或者是原初物质,或者是它被转化的方式。正如我们所看到的,佩特鲁斯·博努斯是最早对这门艺术的范围感到好奇的中世纪炼金术士之一,他说:"就像盖贝尔遇到了困难一样,我们也长期陷入了昏迷(in stuporem adducti),并且被绝望所包裹。但当我们苏醒过来,用无限反思的痛苦折磨我们的思想时,我们看到了这种物质。"然后他引用了阿维森纳[2]的话。阿维森纳曾说过,我们有必要"通过我们自己(pernos ipsos)来发现这种操作(the solutio)"。这些事情在实验之前就已经为我们所知,这是长期、紧张、谨慎沉思的结果[3]。

佩特鲁斯·博努斯通过强调精神上的折磨,把这种痛苦重

---

[1]《炼金术剧场》,第5卷(1660年)第93页。
[2] 阿维森纳(Avicenna,980—1037年),中亚哲学家、自然科学家、医学家,塔吉克人,著有《哲学科学大全》《医典》。阿维森纳研究炼金术,是当时凭直觉感到嬗变是不可能的少数人之一。——译者注
[3] 拉齐尼乌斯编《新生宝珠》,第45页。

新带回到研究者的身上。在这一点上,他是正确的,因为炼金术士最重要的发现来自他们对自己心理过程的沉思,这种心理过程以原型的形式投射到化学物质中,以无限的可能性使他们眼花缭乱。人们普遍承认,对这些结果的先验认识,正如多恩所说:"任何凡人都不可能理解这门艺术,除非他事先受到圣光的启迪。"[1]

对物质的折磨也出现在乔治·雷普利爵士的著述中:"非自然之火必定折磨身体,因为它是猛烈燃烧的龙,就像地狱的火。"[2] 对雷普利来说,这种地狱折磨的投射是明确而完整的,这和其他许多人的看法一样。只有在16世纪和17世纪的作家那里,佩特鲁斯·博努斯的洞见才再次得到认同。多恩的观点很明确:"所以诡辩家们……用各种折磨来迫害这位墨丘利斯,有些人使用升华、凝结、沉淀、水银的强水(aquae fortes),等等,所有这些都是应该避免的错误路线。"[3] 在这些诡辩家中,

---

[1] 见《炼金术剧场》,第1卷(1659年)第366页。
[2] 原文为:"Ignis contra naturam debet excruciare corpora, ipse est draco violenter comburens, ut ignis inferni."《炼金术剧场》,第2卷(1659年)第113页。
[3] 同上,第1卷(1659年)第516页。

他还指出了盖贝尔和阿尔伯图斯,他嘲讽地补充道:"他们被尊称为伟人。"在他的《特利斯墨吉斯忒斯的物理学》中,他甚至宣称这种由来已久的黑暗(melanosis, nigredo)是一种投射:"因为赫耳墨斯说,'所有的晦涩难懂都将从你那里逃走'[1],他说的不是'从金属那里'。所谓晦涩难懂,就是除了疾病的黑暗和身心的疾病之外,别的东西都无法理解。"[2]

《曙光乍现》第一部中的许多段落在这方面有重大意义。在《奥斯坦尼斯书》中,哲学家们为那块嵌在石头里的石头流泪,因此,被他们的眼泪浸湿后,石头失去了它的黑色,变成了珍珠般的白色[3]。《玫瑰园》里有一段格拉提安[4]的引言:"在炼金术中,有一种高贵的物质……起初可怜地蘸着醋,但最后是

---

[1] 引自《特巴》。

[2] 原文为:"(Hermes) dicit enim 'a te fugiet omnis obscuritas,' non dicit 'a metallis.' Per obscuritatem nihil aliud intelligitur quam tenebrae morborum et aegritudinem corporis atque mentis."《炼金术剧场》,第1卷(1659年)第384页。

[3] 贝特洛《中世纪炼金术士文集》,第3卷第118页。

[4] 格拉提安(Flavius Gratianus, 359—383年),西罗马帝国皇帝(375年至383年在位)。——译者注

欢乐带来的喜悦。"[1] "智慧的结合"将黑化等同于忧郁症[2]。维吉尼亚在谈到萨杜恩的铅时说："铅象征着上帝用来折磨我们、困扰我们感官的烦恼和烦恼的加重。"[3] 这位炼金术士意识到,一直被认为是一种神秘物质的铅,与抑郁症的主观状态是等同的。类似地,在《神秘的奥列利亚》中,拟人化的原初物质说他兄弟萨杜恩的精神"被忧郁的激情所征服"[4]。

在这个苦难和悲伤发挥着如此重要作用的思想背景中,把树与耶稣基督的十字架联系在一起就不足为奇了。这个类比得到了古老传说的支持:十字架的木头就来自天堂树[5]。另一个促成它的因素是四位一体,它的象征是十字[6];因为树具有四位一体的性质,因为它代表了四种元素结合的过程。树的四位

---

1 原文为:"In Alchimia est quoddam corpus nobile, …in cuius principio erit miseria cum aceto, sed in fine gaudium cum laetitia."
《炼金艺术》,第2卷第278页。
2 《化学制品》,第125页。
3 《炼金术剧场》第6卷(1661年)第76页。
4 同上,第4卷(1660年)第505页。
5 佐克勒《基督的十字架》第5页,以及贝佐德《宝藏洞》第35页。
6 《炼金术剧场》,第2卷(1659年)第202页。

一体可以追溯到基督教时代之前。在查拉图斯特拉的幻象中,树有四根树枝,由金、银、钢和"铁合金"制成[1]。这一意象后来又出现在炼金术的金属树中,这时可以把它比作耶稣基督的十字架。在雷普利那里,皇室夫妇,至高无上的对立面,是为了结合和重生的目的而被钉在十字架上的。[2] "我若被举起来(如基督所说),我就要吸引万人来归我[3]。……从那时起,当两个部分在受过折磨并濒死后结为夫妻,男人和女人将被埋在一处,之后又借着生命的灵性而复活。"[4]

树在多恩的《思辨哲学》的一段话中也表现为一种转化的象征,从宗教心理学的角度来看,这是非常有趣的:"(上帝)决心把他的愤怒之剑从天使手中夺走,替代以一把三叉金钩,

---

1 《伊朗和希腊的古代综合论研究》,第45页。

2 参见"化学奇迹"一文中,特雷维萨努斯复兴之泉中的橡树。见《炼金术剧场》,第1卷(1659年)第683页。又见《神秘的结合》,第70页。

3 引自《约翰福音》12:32。

4 雷普利《关于一切化学的歌剧》,第81页;原文为:

"Si exaltatus fuero, tunc omnes ad me traham. Ab eo tempore, quo partes sunt desponsatae, quae sunt crucifixae et exanimatae contumulantur simul mas et foemina et postea revivificantur spiritu vitae."

他把剑挂在树上:这时上帝的愤怒变成了爱。"[1] 作为逻各斯的耶稣基督正是那把双刃剑,象征着上帝的愤怒,如《启示录》1:16[2] 所述。

把[3] 耶稣基督比作挂在树上的剑这个有点不寻常的比喻,几乎可以肯定是对挂在十字架上的蛇的类比。在圣·安布罗斯[4] 那里,"挂在木头上的蛇"是一种"耶稣基督的类型"(typus Christi),正如阿尔伯图斯·马格纳斯[5] 那里的"十字架上的黄铜蛇"[6]。作为逻各斯的耶稣基督是纳斯的同义词,是拜蛇教

1《炼金术剧场》,第1卷(1659年),第254页;原文为:
"(Deus) conclusit angelo gladium irae suae de manibus eripere, cuius loco tridentem hamum substituit aureum, gladio ad arborem suspenso: et sic mutata est ira Dei in amorem."

2 右手拿着七星,从他口中出来一把两刃的利剑;面貌如同烈日放光。

3 在瑞士版本中,这一段和下一段都被放在第18节的末尾。——英编注

4 圣·安布罗斯(Ambrose·SAINT),罗马人,古代基督教拉丁教父,米兰大主教。——译者注

5 阿尔伯图斯·马格纳斯,生卒失纪,著有《草药、石头和某些野兽的美德》。

6 在他唱给圣母的赞美诗中写道:"万岁!闪耀的海洋之星!"参见古尔蒙特《拉丁的奥秘》,第150页。(也可参见《心理学与炼金术》,第481页和图217)

中的理性之蛇。阿加托戴蒙（好的精灵）具有蛇的形状，在菲洛那里，这条蛇被认为是"最有灵性"的动物。另一方面，它的冷血和低劣的大脑组织表明它没有任何显著的意识发展，而它与人的不相关使它成为一种异类，使人既恐惧又着迷。因此，它是潜意识的两个方面的卓越象征：它的冷酷无情的本能，和它的索菲亚[1]性质或自然智慧，都体现在原型中。以冥府之蛇为代表的耶稣基督的逻各斯性质是神圣母亲的母性智慧，在旧约中它是以智慧为原型的。所以，蛇的象征将耶稣基督描绘成潜意识在各个方面的化身，因此蛇被挂在树上作为献祭（像奥丁[2]一样"被矛刺伤"）。

从心理学上讲，这种蛇的牺牲必须被理解为一种对潜意识的克服，同时也是对潜意识依赖母亲的儿子的态度的克服。炼金术士们用同样的象征来代表墨丘利斯的转化[3]，正如我所展

---

[1] 索菲亚（Σοφια），古希腊的智慧女神。
[2] 是北欧神话中阿萨神族的众神之王，司掌预言、王权、智慧、治愈、魔法、诗歌、战争和死亡。——译者注
[3] 参见叶列阿扎尔《古老的炼金术秘方》第26页的对页插图。（参见《神秘的结合》，第410页。）

示的,墨丘利斯可以明确地被认为是潜意识的化身[1]。我在梦中多次遇到过这个主题,一次是一条被钉在十字架上的蛇(有意识地参考了《约翰福音》3:14[2]),然后是一只挂在柱子上的黑蜘蛛,这根柱子变成了十字架,最后是一个被钉在十字架上的裸女的身体。

18 痛苦与化合的关系

在上述多恩的引文中,三叉金钩指的是耶稣基督,因为在中世纪的寓言里,圣父用来抓住利维坦的钩子就是十字架。当然,三叉金钩是对三位一体的暗示,而它是"金色的"这一事实则是对炼金术的暗指(sous-entendu),正如在多恩的这一奇怪寓言中,关于上帝转化的观念与炼金术的奥秘(mysterium)有密切联系一样。上帝抛出一个钩子,这个概念源于摩尼教:他用原初之人作为诱饵来捕捉邪恶的力量。那个原初之人被命

---

[1]《墨丘利斯之魂》,第284页。
[2]《约翰福音》3:14:神爱世人,甚至将他的独生子赐给他们。叫一切信他的人,不至灭亡,反得永生。

名为"普绪喀"[1]（Psyche），而在玻斯托拉的狄托斯[2]的论述中，他是世界灵魂[3]。这个普绪喀与集体潜意识相对应，它本身具有统一的性质，由统一的原初之人来代表。

在爱任纽那里[4]，这些观念与诺斯替教关于索菲亚—阿卡莫特[5]的概念密切相关。据他说：

居住在上方的索菲亚的沉思，迫于需要，痛苦地离开佩雷诺玛，进入黑暗和虚空的空间。她脱离了佩雷诺玛的光芒，失去了形式和形象，就像一个不合时宜的早产儿一样，因为她什么都不懂（即成为潜意识的）。但耶稣基督居于高处，在十字架上伸展开来，他怜悯她，用他的力量给了她一个形式，但只是在形体上，而不是在智慧上（即意识）。做完这些，他收

---

[1] 普绪喀，灵魂女神，形象为长着蝴蝶翅膀的少女。蝴蝶在古希腊象征人类的灵魂。——译者注
[2] 玻斯托拉的狄托斯（Titus of Bostra，？—370年），叙利亚基督教主教。——译者注
[3] 布塞特，《灵知的问题》，第178页。
[4] 爱任纽（Irenaeus，130—202年），使徒教会后期的神学家。
[5] 阿卡莫特（Hochemāh），希伯来人的智慧女神，但侧重于指以堕落形态出现的智慧女神。

回了他的力量,并返回(到了佩雷诺玛),把阿卡莫特独自留下,以便她在意识到与佩雷诺玛分离所造成的痛苦之后,能够受到对更美好事物的渴望的影响,同时拥有耶稣基督和圣灵在她身上留下的某种不朽的气味。[1]

根据这些诺斯替教的说法,被作为诱饵扔进黑暗中的不是原初之人,而是一个智慧的女性形象,索菲亚—阿卡莫特。这样,男性元素就摆脱了被邪恶力量吞噬的危险,并且在光明的精神领域里被安全地保留下来,而索菲亚,则一部分由于沉思行为,另一部分受必要性的驱动,从而与外部的黑暗建立了联系。降临在她身上的痛苦表现为各种各样的情感——悲伤、恐惧、迷惘、困惑、渴望;她时而笑,时而哭。从这些影响中产生了整个被创造的世界。

这个奇怪的创世神话显然是"心理学的":它以宇宙投射的形式,描述了女性的阿尼玛与男性的、以精神为导向的意识的分离,这种意识力求精神在感官世界上的最终和绝对胜利,就像那个时代的异教徒哲学一样。异教徒哲学在这一点上并不

[1]《反对异端邪说》,第1卷第4页。

亚于诺斯替教。这种意识的发展和分化在阿普列乌斯[1]的《变形记》中留下了文学痕迹，尤其是在他的《阿莫尔与普绪喀》的故事中，正如埃利希·诺伊曼在他对这部作品的研究中所显示的那样。

索菲亚陷入潜意识的情感状态，她的无形，以及她在黑暗中迷失的可能性，非常清楚地刻画了一个将自己完全等同于他的理性和他的精神性的男性所拥有的阿尼玛的特点。他正处于与他的阿尼玛相分离的危险之中，从而会与潜意识的补偿能力彻底失去联系。在这种情况下，潜意识的反应通常是强烈的情绪、易怒、缺乏控制、傲慢、自卑感、坏脾气、抑郁、爆发愤怒，等等。再加上缺乏自我批评，以及由此带来的错误判断、失误和妄想。

在这种状态下，一个人很快就会与现实脱节。他的精神性变得无情、傲慢和暴虐。他的意识形态越是不适应，就越需要

---

[1] 阿普列乌斯（Lucius Apuleius Madaurensis，公元124—170年），古罗马作家、哲学家。生于北非马多拉城的官吏家庭。他曾在雅典攻读柏拉图哲学和修辞学，后在罗马教授修辞学，后半生专事写作。其著作涉及文学、哲学、自然科学和医学。主要作品有《变形记》（又名《金驴》）、《辩护词》和《英华集》等。——译者注

得到认可,并决心在必要时通过武力获得认可。这种状态是一种明确的痛苦,一种灵魂的痛苦,虽然起初由于缺乏内省,这种状态并没有被如此觉察到,而只是作为一种模糊的不适逐渐进入意识。最终,这种感觉迫使大脑认识到有什么不对劲,人确实是在受苦。这就是身体或心理出现症状的时刻,这些症状再也不能从意识中消除。以神话的语言来表达就是,耶稣基督(男性精神的原则)察觉到索菲亚(即灵魂)的痛苦,从而给予她形式和存在。但是他让她一个人待着,好让她充分感受她的痛苦。从心理学上来说,这意味着男性的心灵仅仅满足于感知精神上的痛苦,不让自己意识到背后的原因,只让阿尼玛处于某种无知的状态。这一过程是典型的,今天不仅可以在所有男性神经症患者中观察到,而且在那些由于其片面性(通常是理智上的)和心理盲目性而与潜意识发生冲突的所谓正常人中也可以观察到。

尽管在这种心理学中,原初之人(耶稣基督)仍然是征服黑暗的手段,但他还是与一个女性的存在——索菲亚——分享了他的角色,索菲亚与他在佩雷诺玛中共存。此外,这个被钉在十字架上的人不再作为上帝钓竿上的诱饵出现;相反,他"怜悯"那无形的女性的一半,伸展在十字架上,向她展示他自己。希腊文本在这里使用了一种强有力的表达方式：坦露（έπεκταθέντα），它特别强调伸展和延伸。这种受折磨的意象摆在她面前，好让她认识到他的痛苦，而他也能认识到她的痛苦。但在这种认知发生之前，耶稣基督的男性精神撤退到光明世界里。这个结局是典型的：一旦光明瞥见黑暗，且有可能与之结合，光明和黑暗中固有的驱动力就会明确地肯定自己，并且绝不会在它的位置上动摇。黑暗不会使光明黯淡，而光明也不会放弃给予黑暗满足的情感。他们都没有注意到，他们遭受着同样的痛苦，这痛苦由意识形成的过程所致，即最初的统一由此被分裂成两个不可调和的部分。若没有这种区别行为，就不会有意识，若没有意识的消失，由此产生的双重性也就不会重新统一。但是，索菲亚要比诺斯替教的耶稣基督更渴望原始的完整性。今天的情况仍然如此，对理性主义[1]的理智来说，辨别和区别的意义大于通过对立物的统一来实现整体性。这就是为什么整体性象征由潜意识中产生。[2]

[1] 建立在承认人的推理可以作为知识来源的理论基础上的一种哲学方法，通常认为产生自笛卡尔的理论。
[2]《心理学与炼金术》第122页，以及《个性化进程的研究》。

这些象征通常是四位一体的，由两对相互交叉的对立物组成（例如，左/右、上/下）。这四个点给圆划出了界限，除了点本身之外，它是整体性最简单的象征，因此也是最简单的上帝意象[1]。这种反思与我们文本中对十字架的强调有一定关系，因为十字架和树都是结合的媒介。因此，圣奥古斯丁[2]把十字架比作新娘的婚床，在童话故事中，主人公在一棵大树的顶端找到了他的新娘[3]，萨满也在那里找到了他的天国配偶，炼金术士也是如此。这种化合是生命的一个顶点，同时也是死亡，因此我们的文本中提到了那种"不朽的气味"。一方面，阿尼玛是与彼岸世界和永恒意象的连接纽带，而另一方面，她的情绪性却将人包含在冥府世界及其短暂性之中。

---

1 "上帝是一个圆，它的中心无处不在，而周长却无处可寻。"参见《神秘的结合》，第47页。
2 圣奥古斯丁，又名希波的奥古斯丁（Augustine of Hippo, 354—430年），出生于罗马帝国统治下的北非努米底亚王国，是一名摩尼教徒，同时也是基督教早期神学家、教会博士，以及新柏拉图主义哲学家。其思想影响了西方基督教教会和西方哲学的发展，并间接影响了整个西方基督教会。重要作品包括《上帝之城》《基督教要旨》和《忏悔录》。——译者注
3 参见《童话中的精神现象学》第231页。

19 作为人的树

和查拉图斯特拉的幻想、尼布甲尼撒二世的梦,以及巴尔德撒尼斯(Bardesanes,154—222年)关于印度神祇的报告[1]一样,关于天堂树是一个男人[2]这个古老的希伯来观念,是男人与智慧树关系的一个例证。根据古老的传说,男人来自树木或植物[3]。树可以说是男人的一种中间形态,因为它一方面来自

---

[1] 《斯托伯厄斯》,第1卷,第3节(瓦希姆·乌斯编,第67页),提到一个洞穴中的木制雕像,这座雕像伸出双臂(像一个被钉在十字架上的人),右侧为男性,左侧为女性。据说它会流汗流血。

[2] "'关于树的果实'——这里树只指男人,男人被比作树。"(《拉比以利以谢之书》,弗里德兰兹译,第150页。)"就像一棵树,就像树木之王,所以它确实是男人。"(库马拉斯瓦米,《倒置的树》,第138页)

[3] 按照伊朗的传说,七种金属是从原初之人迦约马特的身体流出,再流入大地的。从它们那里长出了瑞瓦斯(reivas,生命树)。第一批人,即玛莱雅(Mahrya)和玛莱雅娜(Mayryana),就是从这里冒出来的。参见阿斯科(Ask)和埃姆布拉(Embla),《埃达》(斯堪的纳维亚神话)中世界上最初的一对男女。(克里斯滕森,《伊朗历史传奇的要人类型》,第35页。)在吉尔伯特群岛,人和神来自那棵原始的树。

那个原初之人,而另一方面又长成了一个男人[1]。自然地,早期基督教著作把耶稣基督当作一棵树或葡萄树的观念[2]对后世产生了巨大的影响。正如我们所说,在《潘多拉》中,树是以女人的形式表现出来的,这与本文第一部分所再现的图画是一致的。与炼金术的图画不同,这些图画主要是由女人完成的。这就引出了一个问题,即女性的树守护神应该如何解释。我们对史料的调查结果表明,树可以被解释为原人或自性。这一解释在"阿尔伯蒂手稿"[3]的象征意义中尤为明显,并被我们的图画所表达的幻想材料所证实。因此,把女性的树守护神解释为自性,这对女人是适用的,但对炼金术士和人文主义者来说,

---

[1]《伊朗历史传奇的要人类型》,第18页。雪松和鳄梨树在古埃及的巴塔传说中扮演着同样的角色。参见雅各布森《埃及人的神学》,第13页。令人遗憾的是,普里查德在其《古代近东文集》(Ancient Near Eastern Texts)中对巴塔童话故事进行校订时忽略了这些转化过程,而这些转化过程在宗教心理学方面非常有趣。

[2] "果实累累的树",圣格雷戈里,《雅歌评论》,第2卷第4节。还可参见本章第10节第2段中的注释。葡萄树,《约翰福音》,第15章第1节。佛陀,就像耶稣基督一样(本章第13节第2段),被命名为天堂树。

[3] 参见本章第12节。

树的女性化表现是阿尼玛形象的一个明显投影[1]。阿尼玛人格化了男人的女性特质，而不是自性。相应地，画了图29和图30的病人把树守护神描绘成了阿尼姆斯。在所有这些情况下，异性象征都掩盖了自性。当男人的女性气质阿尼玛，或女人的男性气质阿尼姆斯，没有分化到足以和意识相整合的程度，自性仍然只是潜在地作为一种直觉而存在，但还没有实现，此时就会经常发生上述情况。

因为树"在道德上和物质上"（tam ethice quam physice）象征着炼金过程和转化过程，所以它也象征着一般的生命过程。它与墨丘利斯，即生长精灵（spiritus vegetativus）的同一性，证实了这一观点。由于炼金过程是一种生命、死亡和重生的奥秘，因此树也获得了这一意义，此外还具有了智慧的品质，正如我们从爱任纽关于巴贝利奥的观点中所看到的："从人（即原人）和灵知中诞生了树，他们也把它称为灵知。"[2] 在查斯丁的灵知

---

[1] 参见阿尔德罗万达斯（Aldrovandus，1522—1605年）对"博洛尼亚之谜"的解读（《植物学》第1卷第211页）的解释，《神秘的结合》，第68页。

[2] 《反对异端邪说》，第1卷第29章第3节。西门·马格斯的火树也是一个类似的概念（希波吕图斯《埃伦科》，第6卷第9章第8节）。

中，被称为"生命之木"的天使巴鲁[1]是启示的天使，就像亚历山大传奇中的太阳和月亮之树预示着未来一样[2]。然而，将树作为世界之树和世界之轴的宇宙联想，在炼金术士和现代人的幻想中居于第二位，因为两者都更关注自性化过程，这个过程不再被投射到宇宙中。在一种罕见的情况中可以发现这条规则的一个例外，据内尔肯[3]说，在一个精神分裂症患者的宇宙系统中，父神使一棵生命之树从他的胸部生长出来。它结着红色和白色的果实，或者说是星球，这就是世界。红色和白色是炼金术的颜色，红色代表太阳，白色代表月亮。树梢上坐着一只鸽子和一只鹰，使人想到"阿尔伯蒂手稿"中太阳和月亮之树上的鹳。在这种情况下，不可能在炼金术中找到任何与此相似的知识。

根据我们收集的材料证据，我们可以看到，现代人潜意识的自发产物描绘了树的原型，并且相当明显地将其指向历史上与其具有相似性的事物。据我判断，我的病人能够有意识使

---

[1] 《反对异端邪说》，第4卷第26章第6节。
[2] 参见本章第9节第6段中的注释。
[3] 简·内尔肯，《对一个精神分裂症患者的幻想的分析性观察》，第541页。

用的唯一历史模型是《圣经》中的天堂树和一两个童话故事。但我不记得有哪一个案例中的病人自发承认其有意识地想到《圣经》故事。在每一种情况下，树的意象都是自发呈现出来的，当女性与树有关联时，没有一个病人会把它和知识树上的蛇联系起来。这些图画显示得更多的是与古代的树仙女有关的概念，而不是《圣经》中的原型。在犹太教传统中，蛇也被解释为莉莉丝。有一种强烈的偏见支持这样的假设，即某些表达形式的存在只是因为在各自的文化领域中可以找到能支撑它们的模式。如果这在目前的例子中能够成立，那么所有这类的表达都必须以天堂树为模型。但正如我们所看到的，情况并非如此。早已过时的树仙女的概念比天堂树或圣诞树更占主导地位；事实上，甚至还有对同样过时的宇宙之树的暗示，甚至是对倒置的树的暗示。虽然倒置的树这一意象通过犹太神秘哲学找到了进入炼金术的途径，但它在我们的文化中没有任何可发挥作用的地方。然而，我们的材料完全符合普遍的、原始的萨满教的树概念和天国新娘的概念[1]。天国新娘是一种典型的阿尼玛投射。她是萨满祖先的日常守护神（ayami）。她的脸半黑

---

[1] 以利亚德，《萨满教》，第73、142、344、346页。

半红。有时她以长着翅膀的老虎的形态出现[1]。施皮特勒[2]也把"灵魂女士"(Lady Soul)比作老虎[3]。树代表了萨满的天国新娘的生命[4],具有母性的意义[5]。雅库特人[6]认为,一棵有八根树枝的树是第一个男人的诞生地。他被一个女人哺乳,她的身体的上部从树干里长出来[7]。这个主题也可以在我的例子中找到(图22)。

除了与女性存在的联系之外,树还与蛇、龙以及其他动物

---

[1] 以利亚德,《萨满教》,第72页。
[2] 卡尔·施皮特勒(Carl Spitteler, 1845—1924年),瑞士诗人、小说家。他生于瑞士里斯塔尔一个高级官吏家庭,1863年就读于苏黎世大学法律系,1919年因史诗《奥林匹亚的春天》荣获诺贝尔文学奖。——译者注
[3] 《普罗米修斯和厄庇墨透斯》(缪尔海德译),第38页。(参见《心理类型》,贝尼斯译,第212页。)在中国,虎是阴的象征。
[4] 以利亚德,《萨满教》,第75页。
[5] 同上,第117页和118页。
[6] 雅库特人,俄罗斯少数民族之一,主要分布在雅库特共和国,部分散居在克拉斯诺亚尔斯克北部埃文基和泰梅尔民族区,以及马加丹、库页岛、阿穆尔河(黑龙江)流域。——译者注
[7] 以利亚德,《萨满教》,第272页。

有联系,例如世界之树(Yggdrasil)[1]、波斯人在瓦卢卡沙湖中的生命之树(Gaokerena),或者金苹果园中的树,更不用说印度的圣树了,在这些树的阴影中经常可以看到很多娜迦(蛇)石头[2]。

倒置的树在东西伯利亚萨满中扮演着重要的角色。卡加罗夫发表了一张这种树的照片,名为那卡萨,引自列宁格勒博物馆的一个标本。树根代表头发,树干上靠近树根的地方刻了一张脸,表明这棵树代表一个人[3]。想必这就是萨满本人,或者说是他更大的人格。萨满爬上魔树,是为了在上层世界找到他真正的自性。埃利亚德在他对萨满教的出色研究中说:"爱斯基摩的萨满感到有必要进行这些狂喜之旅,因为最重要的是,在恍惚状态下,他才成为真正的自己:这种神秘的体验对他来说是必要的,是他真实人格的组成部分。"[4]这种狂喜通常伴随着

---

[1] 与松鼠,雄鹿有关。世界之树(Yggdrasil)的意思是"奥丁的马"。关于世界之树的女性意义,参见《变形的符号》,第296页。

[2] 例如,在塞林伽巴丹城堡的大门前。参见弗格森《树与蛇的崇拜》。

[3] 卡加罗夫,《倒置的萨满树》,第183页。

[4] 以利亚德,《萨满教》,第293页。

一种状态,在这种状态中,萨满被他的守护精灵或守护神"占有"。通过这种占有,他获得了他的"'神秘的器官',在某种程度上构成了他真实而完整的精神人格"[1]。这证实了可能来自萨满教象征作用的心理学推断,即这种"占有"是自性化过程的一种投射。正如我们所看到的,这个推论对炼金术来说也是正确的。在关于树的现代幻想中,这些图画的作者显然在试图描绘一个独立于他们的意识和意志之外的内在发展过程。这个过程通常由两对对立的事物组成,一个较低的(水、黑暗、动物、蛇等)和一个较高的(鸟、光明、头等),以及一个左边的(女性)和一个右边的(男性)。对立物的结合在炼金术中起着如此重要的决定性作用,在与潜意识的对抗所引发的心理过程中具有同等的意义,因此出现类似甚至完全相同的象征也就不足为奇了。

20　潜意识的解释和整合

人们在许多方面尚未达成理解——我很遗憾地认为,就连

---

[1] 以利亚德,《萨满教》,第328页。

我的医学同事们也不理解——首先,如我所描述的一系列幻想是如何产生的;其次,为什么我如此关注这些不为人知的某种象征作用的比较研究。恐怕各种未修正的偏见仍然阻碍着人们的理解,尤其是有人武断地认为,神经症和梦只由被压抑的婴儿期记忆和愿望组成,而心理内容要么纯粹是个人的,要么如果是非个人的,则来自集体无意识[1]。

心理障碍和躯体障碍一样,是一种高度复杂的现象,不能用纯粹的病原学[2]理论来解释。除了个体倾向性的原因及其未知因素之外,我们还必须考虑生物学中目的论的适合性,这在心理领域中必须被表述为"意义"。在心理障碍中,仅仅把假定的或真实的原因带入意识,在任何情况下都是绝对不够的。治疗包括整合与意识分离的内容——这种分离并不总是因为压抑,压抑往往只是次要现象。事实上,通常情况下,在青春期之后的发展过程中,意识面临着由于各种原因而不愿意或不能

---

[1] 集体无意识,荣格的分析心理学用语,指一种代代相传的无数同类经验在某一种族全体成员心理上的沉淀物。荣格认为集体无意识中积淀着的原始意象是艺术创作的源泉。——译者注
[2] 专门研究疾病形成的原因,是医学的一个基础学科。——译者注

同化的情感倾向、冲动和幻想。此时，它以各种形式的压抑做出反应，努力摆脱讨厌的入侵者。一般规律是，意识态度越消极，就越抗拒、越贬低、越害怕，被分离出来的内容所呈现的面貌就越令人厌恶、越有攻击性、越令人恐惧。

与分裂的心理成分所作的每一种交流，都是有效的治疗。这种效果也是由于发现了真正的或仅仅是假定的原因而产生的。即使这个发现仅仅是一个假设或幻想，但如果分析师自己相信它并认真尝试去理解它，它至少也可以通过暗示起到治疗的作用。另一方面，如果他怀疑自己的病原学理论，他成功的概率马上就会下降，此时他就会觉得必须寻找至少对理智的病人和他自己都有说服力的真正原因。如果他倾向于批判性，这项任务就可能成为一个沉重的负担，使他无法成功地克服他的疑虑。这样治疗的功效就岌岌可危了。这种两难的困境，解释了弗洛伊德正统观念的狂热教条主义。

我将用我最近遇到的一个例子来说明这个问题。一位我不认识的 X 先生写信说，他读了我写的《答约伯》，非常感兴趣，这本书使他非常激动。他把它拿给他的朋友 Y 阅读，于是 Y 做了一个梦：梦见自己回到了集中营，看见一只凶猛的老鹰在上空盘旋，寻找猎物。情况变得危险而可怕，他想知道如何保护自己。他想他也许能乘坐火箭推进器飞上天空，击落老鹰。X把Y描述为一个曾在集中营待了很长时间的理性主义知识分子。X和Y都把这个梦归结为前一天读了我的书所引发的影响。Y曾去找X征求关于这个梦的看法。X认为那只监视Y的老鹰指的是X自己，而Y回答说他不相信，却认为老鹰指的是我，即这本书的作者。

X现在想听听我的意见。一般来说，在缺乏充足材料的情况下，试图解释自己不认识的人的梦是一件棘手的事情。因此，我们必须满足于以现有材料提出一些问题。例如，为什么X认为他知道那只老鹰指的是他自己？从这封信中我可以得知，X似乎向他的朋友传授了一定的心理学知识，因此他觉得自己是一个导师，能够以俯视的角度看透他朋友的把戏。不管怎么说，他心里有意无意地在盘算着，也许Y认为被他这个"心理学家"监视是一件不愉快的事。这样，X将自己放在了心理治疗师的位置上，他通过性理论预先知道潜伏在神经症和梦境背后的是什么，他站在具有超凡洞察力的高塔中，让病人觉得自己被看穿了。他总是期望自己以神秘的"审查者"（censor）虚构的任何伪装出现。这样，X很容易得出他自己就是那只老鹰的结论。

Y却有不同的看法。他似乎没有意识到自己被X监视或看穿了，但是，很合理地，他回溯到了他梦的明显来源，也就是我的书，我的书显然给他留下了某种印象。因此他认为我是那只老鹰。从这一点我们可以得出结论，他觉得自己被以某种方式干涉了，就好像有人发现了他，或者用一种他完全不喜欢的方式戳到了他的痛处。他没有必要意识到这种感觉，否则这种感觉也很难在梦中表现出来。

在这里，解释与解释相互冲突，两者同样武断。梦本身并未给出任何方向的指示。也许有人会冒昧地认为，Y很害怕他的朋友高高在上的洞察，因此把他伪装成老鹰的形状，这样就认不出他了。然而，是Y自己做了自己的梦吗？弗洛伊德假设了"审查者"的存在，并认为"审查者"应对这些变形的意象负责。与此相反，我从过去的经验中得到的观点是，如果一个梦愿意的话，它完全有能力说出最痛苦和最不愉快的事情，而丝毫不考虑做梦者的感受。如果梦事实上没有这样做，那么就没有充分的理由假设，它除了它所说的事情之外还有其他的含义。因此，我坚持认为，当我们的梦说"老鹰"时，它就是一只老鹰的意思。因此，我坚持认为梦在我们的理性看来是荒谬的。如果老鹰指的是X先生，那梦就太简单了，也太合理了。

因此，在我看来，解释的任务是找出除了我们的个人幻想之外，这只老鹰还可能意味着什么。因此，我建议做梦者开始调查以老鹰的身份出现的那只老鹰是什么，以及它可能具有的一般意义是什么。这项任务的解决，直接通向象征史，而且在这里，我们就能发现我关注这些显然与医生的诊室相距甚远的研究的具体原因。

一旦做梦者确定了那只老鹰的一般意义，而这些意义对他来说既新颖又未知（因为他将从文学和普通的语言中熟悉其中的许多内容），他必须对自己前一天的感受展开研究，即阅读我的书，与那只老鹰的象征有什么关系。问题是：是什么让他受到如此大的影响，以至于让他产生了一个童话般的主题：一只巨鹰伤害或逼退一个成年人？一只显然硕大无比的（虚构）鸟的形象，在高高的天空中盘旋，用全视之眼审视着大地，这确实是对我的书的内容的暗示，它关注的是人的神明概念的命运。

在梦里，Y在"鹰眼"的监督下回到了集中营。这足够清楚地指出了做梦者害怕的情况，使他积极的防御措施看上去很合理。为了击落这只虚构的鸟，他想采用最先进的技术发明——火箭推进器。这是理性主义智识最伟大的胜利之一，而且与那只虚构的鸟截然相反，凭借火箭推进器的帮助，就可以消除那只鸟的威胁性。但对于这样的人格来说,我的书里潜藏着什么样的危险呢?当我们知道Y是犹太人时,这个问题就不难回答了。无论如何,一扇通向问题的大门是敞开的,这个问题指向与个人怨恨无关的领域。更确切地说,这是一个与那些规范我们的生活态度和世界态度的原则、支配性或统治性观念有关的问题,正如经验所表明的,是不可或缺的心理现象。事实上,这些观念是如此不可或缺,以至于当旧的思想体系崩溃时,新的思想体系会立即取代它们。

神经官能症,像所有的疾病一样,是由适应不良引起的症状。由于某些障碍——体质的弱点或缺陷、错误的教育、不好的经历、某种不合适的态度等——一个人在生活带来的困难面前退缩,从而发现自己回到了婴儿的世界。潜意识通过产生象征来补偿这种退行,当人们客观地理解这些象征时,也就是说,借助于比较研究的方法,这些象征就会重新激活所有这些自然思想体系背后潜藏的一般观念。以这种方式,某种态度的转变就产生了,它在真实的人和理想的人之间架起了桥梁。

类似的事情正在我们的梦中发生:Y很可能正遭受着一种高度理性化、知识化的意识与被焦虑压抑下去的高度非理性的背景之间的分离。焦虑出现在梦中,应该被认为是属于人格的事实。仅仅由于一个人无法发现焦虑的原因就断言他没有焦虑，这是无稽之谈。然而，人们通常都是这么做的。如果焦虑能够被接受，也就有机会发现并理解其中的原因。这个原因，通过梦中的老鹰，得到了生动的描绘。

假设那只老鹰是一个古代的上帝意象，它的力量是一个人无法逃脱的，那么他实际上是否相信上帝就没有什么区别了。他的心理就是如此构成的，他的梦境得以产生，就足够说明这一点，他不能摆脱他的心理，就像他不能摆脱他的身体一样，身心两者也不可能互换。他是他自己身心结构的囚徒，无论他愿不愿意，他都必须面对这个事实。一个人当然可以无视身体的要求而生活，并破坏它的健康。同样的事情，也可以发生在精神上。任何想要生活下去的人都会避免这些造成紊乱的生活方式，并且会一直仔细探究身体和心灵的需求。一旦人达到一定的意识和智力水平，就不可能再片面地生活了，必须有意识地考虑到仍在原生人中以某种自然的方式发挥作用的全部心身本能。

身体需要食物，不是任何种类的食物，而只是适合身体的食物，同样，精神需要知道它存在的意义——不是任何意义，而是那些反映其本性并且起源于潜意识的意象和观念的意义。

潜意识提供了原型的形式,这种形式本身是空洞的、不可表征的。意识立即用相关的或相似的表征性材料填满它,以便它可以被感知到。由于这个原因,生成原型观念的条件是局部的、暂时的和个别的。

只有在极少数情况下,潜意识的整合才会自发产生。一般来说,理解潜意识自发产生的内容需要特别努力。当某些被认为是有效的或仍然有效的一般观念已经存在时,它们就对理解过程起到指导作用,而新获得的经验要靠现有的思想体系来表达,或隶属于现有的思想体系。守护瑞士的圣人尼克劳斯·冯·德·弗吕的生活就是一个很好的例子,他通过长期的沉思,并且在一位德国神秘主义者写的一本小书的帮助下,逐渐将他对上帝的可怕幻想转变成一种三位一体的意象。又或者,由于新的经验,传统的体系可能会以一种新的方式被理解。

不言而喻,所有个人的正负面情感都参与了梦的形成,因而可以从梦的意象中被解读出来。分析师,尤其是在治疗的开始阶段,将不得不接受这一点,因为对病人来说,他的梦来自他的个人心理,这似乎是合理的。如果向他指出他的梦中属于集体的方面,他就会彻底不知所措。正如我们所知道的,弗洛伊德本人曾试图将神话主题简化为个人心理学，而无视他自己的洞见，即梦中含有人类早期的残留物。这些残留物，不是个人获得的，而是早期集体心理的残余。然而，似乎是为了证明心理规律的可逆性，不少病人不仅理解了他们梦中象征的普遍意义，而且发现它在治疗上是有效的。那些伟大的心理治疗体系，那些宗教，同样由普遍的神话主题组成，其根源和内容是集体的，而不是个人的；因此，莱维-布吕尔[1]正确地称这种主题为集体表象[2]。意识心灵当然具有个人的性质，但它绝不是心理的全部。意识的基础，即心理本身，是潜意识的，而且它的结构也像身体的结构一样，是所有人共有的，它的个体特征只是微不足道的变体。出于同样的原因，缺乏经验的眼睛很难或几乎不可能在一群有色人种中辨认出个别的面孔。

就像那个关于老鹰的梦一样，当出现的象征并没有指向一

---

[1] 莱维-布吕尔（Lucien Lévy-Bruhl，1857—1939年），法国社会学家、哲学家、民族学家，法国社会学年鉴派的重要成员，著有《伦理学与道德科学》《原始社会的心理作用》。——译者注

[2] 莱维-布吕尔认为，集体表象实际上是一种社会性的信仰和道德思维方式，它不产生于个体，但比个体存在得更长久，并作用于个体。——译者注

个特定的人时，就没有理由认为这是某个人的伪装。相反，更有可能的是，梦的意思就只是它所表现出来的那样。所以，当一个梦明显地伪装了某个东西，并且暗示它代表了某个特定的人时，就会有一种明显的倾向在发挥作用，即不允许这个人出现，因为，从梦的意义上说，这个人代表了一种错误的行为方式或思维方式。例如，当分析师被描绘成一个理发师（因为他"修理"了头部）时，分析师与其说是被伪装了，不如说是被贬低了，这在女性的梦中并不少见。病人在她的意识生活中，已经做好准备要承认任何形式的权威，因为她不能或不愿使用自己的头脑。（这个梦说）分析师应该没有比理发师更重要的意义，理发师把她的头打理好，这样她就可以自己使用它了。

因此，如果我们不把梦的象征简化为分析师认为已经预先知道的环境、事物或人，而是把它们视为指向某种未知事物的真实象征，那么分析治疗的整个特征就被改变了。此时，潜意识不再被简化为已知的意识因素（顺便说一句，这个过程并没有消除意识和潜意识之间的分离），而是实际上被认为是潜意识；象征也没有被缩减，而是通过做梦者提供的背景，以及与类似的基本神话主题的比较而被放大，这样我们才能明白潜意识意味着什么。通过这种方式，潜意识就可以被整合，分离就可以被克服。另一方面,简化的过程会导致我们远离潜意识,而且加强了意识心灵的片面性。弗洛伊德的那些较严谨的学生,并没有追随这位大师的脚步,去对潜意识作更深入的探索,而是满足于简化的分析。

如我所说,与潜意识的对抗通常开始于个体潜意识的领域,也就是个体获得内容的领域。这些内容构成了阴影,并由此导向代表集体潜意识的原型象征。对抗的目的,是消除分离。为了达到这一目的,无论是本性自身还是医学干预,都会引发对立物的冲突,要是没有这些冲突,任何结合都不可能实现。这不仅意味着要把冲突带到意识中,还涉及一种特殊的体验,即认识到自身中有一个不相容的"他者",或认识到另一种意志的客观存在。炼金术士们以惊人的精确性,将这个几乎不可理解的东西称为墨丘利斯,他们把神话学和自然哲学关于他的一切说法都包含在这个概念中:他是上帝、魔鬼、人、事物,以及人内心最深处的秘密;是心理的,也是身体的。他自己就是所有对立物的源头,因为他是双重的,而且"两方面都有能力"(utriusque capax)。这个难以解释的实体在每一个细节上都象征着潜意识,对象征的正确评估,会导致直接面对这个实体。

这种面对，既是一种非理性的体验，也是一个实现的过程。因此，炼金过程由两部分组成：实验室中的工作，及其所有的情感和恶魔般的危害；科学（scientia）或理论（theoria），即炼金过程的指导原则，用来解释炼金过程的结果并给予它们适当的地位。整个过程，也就是我们今天所理解的心理发展过程，被称为"哲学树"，这是一种"诗意的"比较，在心理的自然成长和植物的自然成长之间做出了恰当的类比。出于这个原因，我认为有必要详细讨论一下构成炼金术和现代潜意识心理学之基础的这个过程。我意识到，也希望我已经向读者表明，仅仅凭借理智的理解是不够的。它只提供给我们言语上的概念，但没有提供给我们它真正的内容，这只能在我们自己应用这个过程的生活体验中找到。在这方面，我们最好不要抱有任何幻想：用语言的手段是无法理解的，任何模仿都不能取代实际经验。当一些炼金术士为了祈祷室而放弃了实验室，从而用一种越发模糊的神秘主义迷惑自己时，炼金术便失去了它的重要内容，而另一些人则把祈祷室变成了实验室，并发现了化学。我们为前者感到遗憾，对后者表示钦佩，但没有人问起心理的命运，此后，它从人们的视线中消失了数百年。

附录 | 佐西莫斯的幻象

起初，本文是1937年在瑞士阿斯科纳举办的爱诺思会议上的演讲稿，以"关于佐西莫斯的幻象的部分评论"为题，被收入《1937年爱诺思年鉴》一书。在《意识的根源：原型研究》(《心理学论稿》，第九卷，苏黎世，1954年)中，《关于佐西莫斯的幻象的部分评论》，经修订和适度扩展，更名为目前通行的英译本《佐西莫斯的幻象》。

——英编者注

1 文本

我必须立即澄清的是,以下对帕诺波利斯的佐西莫斯,即公元 3 世纪重要的炼金术士和诺斯替教教徒的幻象所作的观察,并非意在对如此困难的材料予以最后的解释。我的心理学贡献不过是试图对此稍作说明,以回答由佐西莫斯的幻象所引起的某些问题。

第一个幻象见于《神圣佐西莫斯关于这门艺术[1]的论著》(*The Treatise of Zosimos the Divine concerning the Art*)的开篇。佐西莫斯用一些一般性的评价作为这部论著的导言,这些一般性的评价涉及自然过程,特别是"水的组成"和其他各种操作,并以下面这句话收尾:"对万物所作的形式多样而又迥然有别的研究,是基于这个多彩的简单系统之上的。"随后,该文本

---

[1] 在 "Ζωσίμον τοῦ θεῖον περίαρετῆs" 这里,不应把 "αρετῆ" 翻译为 "美德"(virtue)或 "力量"(power,在贝特洛那里写作 "vertu"),而应翻译为 "艺术"(the Art),对应于拉丁语 ars nostra(我们的艺术)。这篇论著与美德毫无关系。

以下面这段话开始[1]:

我说着说着就睡着了,梦见一位献祭的[2]站在我面前,在一个碗状的祭坛高处。有十五级台阶通向这座祭坛。祭司站在那里,我听到有个声音从上面对我说:"顺阶而下,进入黑暗;拾阶而上,进入光明。使我获得新生的人是献祭者,他舍弃了污秽的肉体;通过不可抗拒的必要步骤,使我作为祭司而牺牲。现在,我作为一种灵体立于尽善尽美之中。"我一听见站在祭坛上的那人发出的声音,便问他是谁。他用美妙的声音回答我说:"我是伊翁[3],是至圣所的祭司,我忍受着难以忍受

---

[1] 出自贝特洛的《中世纪炼金术士文集》,由C.E.鲁埃勒翻译成法文。目前的翻译是由A.S.B.格洛弗从贝特洛的希腊文本翻译而成,也参考了鲁埃勒的法语译本和荣格的德语译本。章节编号是贝特洛提供的。——英编注

[2] 即举行献祭仪式的祭司ιερουργος。而ἱερεῦs就是ἱεροφάντμs,即语言奥秘的先知。在该文本中,它们之间没有区别。

[3] 在萨巴人的传统中,伊翁是以墨丘利之子的名义出现的,是伊奥尼亚(ionians,即el-junaniun)的祖先。萨巴人认为伊翁是他们的宗教创始人。参考奇沃森的《牧师和警察》,第一卷第205页、796页和第2卷第509页。赫耳墨斯也被认为是此宗教的创始人(见该书第1卷第521页)。

的痛苦[1],因为一大早有一个人急急忙忙地赶来,制服了我,用剑将我刺透,根据和谐的法则将我肢解[2]。他用剑剥我的头皮,有力地挥舞着那剑。他把我的骨头和肉块混合在一起,让它们在这门艺术的火焰中燃烧,直到我通过身体的转化意识到我自己已经变成了灵体。而这,就是我无法忍受的痛苦。"甚至在他这样说着的时候,我也使劲拉着他和我交谈,他的眼睛变得像血一样。他把自己的肉全都喷了出来。我看见他怎样变成了自己的对立面,怎样变成了一个残缺之人(mutilated anthroparion)[3],他用牙齿撕咬自己的肉,沉没在他自己之中。

我从梦中醒来,满心恐惧,思忖着:"这不是水的成分吗?

---

[1] 即κολασιδs,字面的意思是"惩罚"。在这里的意思是为了使原初物质发生转化而不得不遭受的痛苦。该程序被称为制服(mortificatio),有一个例子,请参见"传说中的南蛮黑人"一文中的制服,《心理学与炼金术》,第484页。——英编注
[2] 贝特洛写的是"dememmberant, suivant les regles de la combinaision"(肢解,根据组合的规则),指的是将其划分为四种实体、本质或元素。参考贝特洛《古希腊炼金术士文集》,第2卷第3节。
[3] 如果我没有弄错,人造人(homuculus)这个概念在此处是首次出现在炼金术文献中。

我确信自己已经全然理解了,又睡了过去。在梦中,我又看见了那座碗状的祭坛,祭坛上的水沸腾着,里面的人多得数不清。在祭坛附近,我没有一个可以问话的人。我就上祭坛去,想看看这景象。我看到了一个像人的人,一位头发花白的老年理发师[1],他对我说:"你在看什么?"我回答说:"我见水在沸腾,里面的人受着煎熬,却还活着,甚是惊奇。"他这样回答我:"你看到的景象是入口、出口和转化。"我问他:"是什么转化?"他回答说:"这就是所谓防腐的作业地点。那些寻求掌握这门艺术[2]的人来到这里,通过逃离身体而变成灵体。"我又对他说:"你是灵吗?"他回答说:"是的,我是灵,是灵的庇护人。"就在我们说话的时候,水还在继续沸腾,人们发出痛苦的号叫,我看到一个铜人,手里拿着一块铅板。他望着这块铅板,大声说:"我命令所有受罚的人安静下来,给他们每

---

1 我将其读作 ξυρουργος,而不是文本中毫无意义的 ξηρουργος。参见贝特洛《心理学与炼金术》,第3卷,第5节,第1段。在那里,理发师看上去确实颇像原人。或许用形容词来描述——剃须者(ξυρουργοῦ αυ θρωπάιου)? 该原人是灰色的,正如我们即将看到的,他代表铅。
2 或"道德完善"。

个人一块铅板,让他们用自己的手写字,抬眼望着空中,嘴巴大张着,直到他们的小舌肿胀。"[1] 话毕,他们行动已跟上了。房子的主人对我说:"你已经看见,你已经伸长脖子,看见所发生的一切。"我回答说:"我已经看见了。"他又继续说:"你看见的那个铜人,是祭司,他献祭,也被献祭,用自己的肉。因为这水和这些受罚者,他获得了力量。"[2]

[1] 本句的意思显然指的是嘴巴不由自主地张开,同时伴以咽部的剧烈收缩。这种收缩是呕吐的迹象,意欲把内部的东西倾吐出来。受罚者用铅板写字,意味着这些字是来自上方的,是被向上看的眼睛捕捉住的灵感。这个程序,可与积极想象的技术相比较。

[2] 在该书的瑞士版(Von den Bewusstseins, 141—145页)中,该节虽只编了一个号Ⅱ,i,3,其内容却没有停顿地延续至Ⅲ,i,4,5和6中,组成单独的一节。然后Ⅲ,i,5在系列幻象终结时又出现(第87节),却是作为"摘要"出现的,把它放在那里的理由在书的评论中做过解释(第93节,Ⅲ,121)。由于Ⅲ,i,3中没有对重复的内容做解释,而且改动主要是源于写作风格的变化,故在此处我们把它忽略了。在该系列幻象的最后对Ⅲ,i,4—6做了重组。荣格在第87节的插话已经过变更,以说明此种变化。该章节是以Ⅲ,i,5到Ⅲ,i,4再到Ⅲ,i,6的顺序呈现的,其假定的依据是Ⅲ,i,4不是构成"摘要"的一部分,而是如同在爱诺斯基金会版本的《弥撒中的转化和象征主义》中说明的一样,是"佐西莫斯对其幻象所作的评论",是个"一般性的哲学评价"(《奥秘》第311页)。——英编注

最后，我被这种欲望征服了，想要登上那七层台阶，去看一看那七种惩罚，而且要在合适的时候，在某一天之内进行；所以我走了回去，以便完成这次攀登。试过几次之后，我终于找到了那条路。可是，正当我要往上攀的时候，我又迷了路；由于心灰意懒，而且不知道该往哪个方向走，所以我睡着了。当我入睡的时候，我看见一个像人的家伙，一位身着蓝紫色长袍的理发师，就站在那个惩罚之处的外面。他问我："伙计，你在干什么？"我回答说："我在这里停了下来，因为我离开大路之后，迷路了。"他说："跟我来。"然后我转身跟着他。当我们快到惩罚之处附近时，我看见我的向导，这个小理发师，走进了那个地方，全身都被火吞噬了。

见此情景，我吓得浑身发抖，退到一边。然后我醒了，心里说："这个幻象意味着什么？"我再次理清了我的思路，并且认识到，这个理发师就是那个身着紫色衣服的铜人。我对自己说："我彻底明白了，这就是那个铜人。他必须先进入那个惩罚之处，这是必需的。"

我的灵魂也渴望再次登上第三级台阶。我又一次独自上路，当我临近惩罚之处，我又一次误入歧途，不知道我的路该怎么走，我绝望地停了下来。再一次，我仿佛又看见了一位老人,由于年事已高,头发完全变白了,白得令人目眩。他的名字叫阿加索戴门。这位白发老人转过身来,盯着我看了整整一个小时。我敦促他说:"给我指明正确的道路。"他没有向我走来,而是急匆匆地走开了。但我到处闯,终于来到了祭坛前。当我站上祭坛时,我看到白发老人走进了那个惩罚之处。啊,天上的创世诸神!他立刻就被火焰转化成了一道火柱。多么可怕的故事啊,我的弟兄们!因为,由于惩罚太过暴烈,他的眼睛充满了血。我问他:"你为什么在那里伸展四肢?"但他几乎不能开口,呻吟着:"我是铅人,我忍受着无法忍受的折磨。"由于被极大的恐惧攥住,我醒了,在心里寻找我所看到的这一切的缘由。我想了想,自言自语道:"我彻底明白了,这意味着铅是被拒绝的,而事实上,这个幻象指的是液体的组成。"

我又看见那座圣洁的碗状祭坛了,一位身着曳地白袍的祭司,正在颂赞这些可怕的神秘的事物。我说:"这是谁?"一个声音回答说:"这是至圣所的祭司。是他为身体注入血液,使眼睛能看见未来,并且使死人复活。"我再次跌倒在地,又睡着了。当我登上第四个台阶时,我看到东边有一个人走来,手里拿着一把剑。又有一个人跟在他后面(走过来),带着一个圆形的有标记的饰品,穿着白衣,看上去很标致,他的名字叫太阳的子午线(Meridian of the Sun)[1]。当他们临近惩罚之处时,那个手里拿着剑的人(说):"砍下他的头,以他的身体为祭品,把他的肉切成块,可以根据这种方法,先把他煮熟[2],

---

[1] 原文为: Καὶ ἄλλο s ὄπισω αντον φέρων περιηκονισμένον τινα λενκοφόρον καὶ ὡραῖον τὴν ὄψιν, ὃν τὸ ονομαεκ αλειτο μεσονράνισμα ἠλίον. 贝特洛将其译为: "Un autre, derriere lui, portrait un object circulaire, d'une blancheur eclatante, et très beau à voir appelé Meridien Cinnabre." 我还不太明白为何要把μεσονρανισμα ηλιον翻译成"丹砂的顶点",从而对它做一种化学的类比。περιηκονισμένον τινα 准是指某一个人,而不是某一件东西。M.-冯·弗朗茨博士使我注意到以下在阿普列乌斯作品中这些相近的东西。他称之奥林匹亚长丝巾(stola olympiaca),初入会者戴一块"上有每部分均着以颜色的神圣动物的珍贵头巾,比如印度蛇和极北的半狮半鹫怪兽(Hyperborean griffins)"。"我……戴一顶用棕榈制成的白色花冠,它的叶子像光束一样向四处伸展。"初入会者被展示给其他人,"就像是一个穿着像太阳一样的雕塑被揭了覆盖物一样"。他现在就是这轮太阳,前天晚上,他在象征性地死亡之后看过这轮太阳。"半夜,我看见太阳闪耀,如同正午。"(《金驴》,格雷斯,第286页。)

[2] 字面意思是"有机体"的。

然后送到惩罚之处。"然后我醒来，说："我彻底明白了，这与金属艺术中的液体有关。"手里拿着剑的那人又说："你已经下完了七级台阶。"而另一个人则一边使水从所有潮湿的地方涌出，一边回答说："这道程序已完成。"

（Ⅱ，vi，1）我又看见一座祭坛，形状像碗，有烈火的灵站在祭坛上，照料着火，使火翻腾、滚涌，并焚烧那些在坛上奋力反抗的人。我询问关于站在那里的人的究竟，我说："我看见水烧开了，不住地翻滚，人燃烧着，却还是活的，甚是惊奇。"他回答我说："你看到的这个沸腾的地方，就是所谓的防腐的作业地点。"那些寻求掌握这门艺术的人，进入这里，脱去他们自己的身体，变成了灵体。（这门艺术的）践履就是通过这个程序来解释的；凡能除去身体一切的污秽，就变成了灵体。

佐西莫斯的文本处于无序状态。在Ⅲ，i，5中有一份摘要放错位置，但显然是真实的，或者是对幻象的放大，而在Ⅲ，i，4中则对它们做了哲学的解释。佐西莫斯把这整段话称为"对随后的论述的导语"（Ⅲ，i，6）。

（Ⅱ，i，5）长话短说，我的朋友，只用一块大石头就建造了一座神殿。这块大石头像白色的铅，像雪花石膏，像普洛克奈索斯大理石[1]。在建造过程中，既没有终点，也没有起点[2]。让它在其内部有一泓踊跃的清泉，像太阳一样闪耀。要留意神殿的入口在哪一边，并且手里要拿着一把剑；然后寻找入口，因为入口是狭窄的。一条龙躺在入口处，守卫着神殿。把它抓住；先宰它来献祭；剥它的皮，连肉带骨地切开，分它的四肢；然后，把四肢（的肉）[3]和骸骨一并放在神殿的入口处，你且往前踏，拾阶而上，走进去，你就必得着你所要找的[4]。你所看见的祭司，就是那位坐在泉水里调制物质的铜人，（看上去）他一点也不像黄铜制成的，因为他改变了本性的颜色，变成了银人；如果你愿意，他很快就会被你变作金人。

（Ⅲ，i，4）我看到这个异象之后，就醒了，我问自己："这个异象是怎么回事？那沸腾的白色的和黄色的水不就是圣水吗？"我发现我已经彻底明白了。我说道："说是美妙的，听

---

[1] 普洛克奈索斯原是希腊著名的大理石采石场，现被称为马尔马拉，属土耳其。
[2] 循环的意思。
[3] 希腊文只有 μέλs。我遵循的是希腊法典2252的读法（巴黎）。
[4] Res quaesita（寻找）或 quaerenda（被寻找）是拉丁炼金术的一种固定表达式。

也是美妙的；施是美妙的，受也是美妙的；贫穷是美妙的，富足也是美妙的。天性是如何教导我们施和受的呢？铜人给予，水成岩接受；金属给予，植物接受；星星给予，花朵接受；天堂给予，大地接受；雷鸣电闪发出的是猛烈的火焰。万物交织在一起，又被分解开；万物混合在一起，也结合在一起；万物既联结又分离，既潮湿又干燥。万物在祭坛的碗中，既兴盛又凋零。"因为每件事情都必以特定的程式和固定的[1]权重（的组合）而成就。没有特定的程式，万物的交织、万物的分离，以及完整的织物，就不能成就。这种程式是一种自然的程式，在一呼一吸间保持着适当的秩序；它带来增加，也带来减少。总之，通过分离与结合的和声，如果这个程式没有被忽视，那么，万物皆自然。因为应用于自然的自然会转化自然。这就是整个宇宙自然法则的秩序，因此所有的事物都联系在一起。"

（Ⅲ，i，6）这篇导言是一把钥匙，它将为你打开接下来的话语的精华，也就是说，对能够揭示那些神秘话语的艺术、智慧、理性和认知、有效方法和启示进行探究。

---

1 压倒，覆盖。

2 评论

对总则的解释

引文虽然看起来像是描写一个接一个的系列幻象,但频繁的重复和惊人的相似性表明,它本质上是一个单一的幻象,以其所包含的主题的一系列变奏形式呈现出来。至少在心理学上,没有依据假设它是一个寓言式的发明。它的显著特征似乎表明,对佐西莫斯来说,这是一种他希望与别人交流的非常有意义的体验。虽然炼金术文献包含了许多寓言,但毫无疑问,这些寓言只是一些说教式的神话传说,而且也不是基于直接经验的[1]。但佐西莫斯的幻象很可能是真实发生过的事情。这一点,似乎可以被以下方式所证实,即,佐西莫斯本人把幻象解释为对他自己的先入之见的一种确认:"这不是水的成分吗?"这种解释——至少在我们看来——似乎忽略了幻象中给人留下最深刻印象的意象,而将意义重大得多的复杂事实,简化成一个过于简单的公式。如若该幻象是个寓言,那么,最引人注目

---

[1] 比如,"阿瑞斯利的幻象"(《炼金艺术》,第1卷第146页及以后)和"《克莱茨之书》中的幻象"(贝特洛,《中世纪炼金术士文集》,第3卷第44—75页)。

的意象也将是最有意义的意象。但任何主观的梦的解释都有一个特点,那就是它满足于指出一些表面的关系,而不考虑本质。另一件需要考虑的事情是,炼金术士自己也能够证明,在炼金工作中有过梦和异象[1]。我倾向于认为,佐西莫斯的某个幻象或某些幻象,就是这种体验,它发生在工作中,揭示了深层心理过程的本质[2]。这些内容在幻象中浮现,被炼金术士们无意

[1] 参考《心理学与炼金术》,第347页及以后。
[2] 炼金工作没有固定的期限。在此期间,工艺师不得不"虔诚地"献身于改造的过程。由于这个过程既是主观的又是客观的,所以它包括梦的经历也就不足为奇了。G.巴蒂斯塔·纳扎里(《梦幻炼金术》,1599年)实际上代表的是以(寓言的)梦的形式表现出来的炼金工作。森迪沃吉斯的"抛物线"(《化学图书馆》,第2卷第475页)说,哲学之水有时是在你的睡梦中显现出来的。我们不能认为作者知道佐西莫斯的幻象;参考文献可能是"阿瑞斯利的幻象",如下文所示(第475页):"Solum fructum arboris Solaris vidi in somniis Saturnum Mercurio nostro imp on ere(我在梦中看到萨杜恩把太阳树的唯一果实强加给我们的墨丘利斯)。"另参见"阿瑞斯利的幻象"的结尾:我们在梦中见过你这位大师。我们恳求你让我们来帮助你的门徒贺尔·特斯,他是营养品的制作者。——《法典》第548卷(柏林)第21页。鲁斯卡编,《特巴》,第327页及以后。"幻象"的开头展示了如何采集"那棵不朽的树"的果实。

识地投射到化学过程中，然后又在这些过程中被感知到，仿佛它们正是物质的属性。这种投射，在多大程度上受有意识的态度促进，由佐西莫斯自己给出的略过于仓促的解释表现出来。

尽管他的解释，一开始因为有点牵强附会而令我们颇为震惊——说实在的，太勉强和武断了。不过我们绝不应该忘记，虽然"水"这个概念于我们来说是陌生的，但对于佐西莫斯和炼金术士来说，它通常具有我们永远不会设想到的意义。也有可能，对"水"概念的提及开阔了我们的视野，肢解、谋杀、折磨和转化的观点，在其中均有一席之地。因为从德谟克利特和科马里奥斯的论文（这些论文写于公元 1 世纪）开始，直到 18 世纪，炼金术主要关注的就是这种神奇的水、神圣的水或永恒的水。这种水，是经过火的折磨，从哲人石或原初物质中萃取出来的。这种水是强烈的潮湿（激进的水分），代表囚禁在物质中的自然灵魂或世界灵魂[1]，石头灵魂或金属灵魂，也被称作阿尼玛·阿奎那（水的灵魂）。这个意象不仅是通过"蒸煮"被释放出来，同时也是通过那柄把鸡蛋切开的剑，或者通过分

---

[1] 在我们的文本中（Ⅲ, v. 3），是阿加索戴蒙本身经受转换。

离，或者通过分解成四种"根"元素而被释放出来[1]。分离，常被描述为对人体的肢解[2]。据说，永恒的水将人体溶解成四种元素。总而言之，神圣的水拥有转化的力量。它通过神奇的"洗浴"，变黑为白，激活了惰性物质，使死人重新站起来[3]，因此具备了基督教仪式中洗礼水的美德[4]。就像在《祝福之

---

1 "制服"发生之后，四种元素被分裂出来。见《特巴》中的"运动神经元"，《炼金艺术》，第1卷第170页。也出现在"阿尼玛"第六章中（同上，151页）。关于将蛋分成四份，请参阅《哈布比之书》（贝特洛《中世纪炼金术士文集》，第3卷第92页）。它被分为四种，被称为四重哲学家（贝特洛，《古希腊炼金术士文集》，第3卷第44节第5段）。
2 例如，在所罗门·崔斯莫森所著的《皓日之辉》（《金羊毛》第27页）中。
3 "是水杀死了人，也使人复活。"（"艺术中的玫瑰花坛"《炼金艺术》，第2卷第214页）
4 根据福音书的记载，就像洗礼是一种前基督教的仪式一样，圣水也具有异教徒和前基督教的起源。《复活节前夕的本笃会祷文》说："愿这为人类重生而准备的圣水，因神圣力量的秘密注入而结出硕果；愿神圣的祭物，在圣洁中孕育而成，重生为新的创造物，从这神圣的圣盆的不锈的子宫里出来；所有的一切，无论在时间上的年龄或身体上的性别如何不同，都可能由仁慈的母亲制成一个婴儿。"（《拉丁语和英语的弥撒》，第429页。）

泉》中，牧师在水面上画了一个十字，然后把水分成四部分一样[1]，那条象征永恒之水的水银蛇也经受了肢解，这是对身体分割的另一种类比[2]。

我将不再进一步详述这个相互关联的意义之网，充溢其中的炼金术内容是如此丰富。我说过的话足以表明，"水"的概念和与此相关的操作，可以很容易地为炼金术士们展示一个远景，在这个远景中，几乎所有主题的幻象都已各就其位。因此，从佐西莫斯的意识心理学观点来看，他的解释似乎没有那么勉强和武断。有一句拉丁谚语说："狗梦见面包，渔夫梦见鱼。"炼金术士也用自己独特的语言做梦。这就要求我们非常谨慎，尤其当炼金术语言格外模糊时，更得小心。为了理解它，我们就必须了解炼金术的心理奥秘。古代大师们说过，只有知道

---

[1] "牧师用手把水呈十字状分开。"（《拉丁语和英语的弥撒》，第429页。）
[2] 参考《心理学与炼金术》，第334页第530页。

石头秘密的人才能理解他们的话语,这一说法可能是真的[1]。长久以来,一直有人声称这个秘密纯属无稽之谈,不值得花那么大的力气去认真调查。但这种轻浮的态度不适合任何心理学家,因为吸引人类的心灵达二千年之久的无稽之谈——其中一些还是最伟大的人物,例如牛顿和歌德——必定有一些与之有关的情况,让心理学家知道是有用的。此外,炼金术的象征意义与无意识的结构关系很大,正如我在我的《心理学与炼金术》一书中所示。这些东西,不仅仅是稀有的古董,任何想要理解梦的象征意义的人,都不可能忽视这样一个事实,即:现代男人和女人的梦经常包含着我们在中世纪的论文中发现的意象和隐喻。而且,由于理解梦产生的生物学补偿在治疗神经症和发展意识方面具有如此重要的意义,因此,了解这些事实也具有不可低估的实用价值。

---

[1] 参考"霍图拉努斯的赫密斯神智学手札",罗萨里姆《炼金艺术》,第2卷第270页。《曙光乍现》(冯·弗兰兹编),第39—41页:"因为她(这门科学)对那些有理解力的人来说是很清楚的……对那些具有相关知识的人来说,她很容易。"迈尔,《金色符号》,第146页:"……他们不应明白他的话,除非是那些不受审判的人,才配得这大权柄。"

献祭行为

我们梦境里的核心意象,向我们展示了一种为了炼金术的转化之目的而采取的献祭行为。这种仪式的特点是,祭司既是献祭者,又是被献祭者。这一重要理念[1],是通过"希伯来人"(即基督徒)的教义传到了佐西莫斯这里的。基督是一位献祭自己的神。献祭行为一个必不可少的组成部分就是肢解。佐西莫斯一定从酒神的神秘传统中熟悉了这一主题。在那里,神也是祭品,他被泰坦[2]们撕成碎片,扔进蒸煮罐里[3],但他的心在最后一刻被赫拉救了出来。我们的文本显示,那座碗状的祭坛就是一个蒸煮的器皿,许多人在里面被煮和被烧。正如我们从传说中和欧里庇得斯的一个片断中知道的[4],野兽般的贪婪的

---

[1] 当然,前提是这些有争议的段落不是抄写者插进去的。抄写者大多是修道士。
[2] 在希腊神话中,泰坦(一作提坦)是奥林匹斯众神统治前的世界主宰者,他们是盖亚和乌拉诺斯的孩子。依据赫西俄德《神谱》,十二位泰坦神分别是:欧申纳斯、科俄斯、克利俄斯、许珀里翁、伊阿珀托斯、忒亚、瑞亚、忒弥斯、谟涅摩绪涅、福柏、泰西斯、克洛诺斯。
[3] 普瑞利著《希腊神话》第1卷第437页。
[4] 引自《密特拉斯神的礼拜仪式》,第105页。

爆发，用牙齿撕咬活着的动物，就是酒神狄奥尼索斯的狂欢的一部分。实际上，狄奥尼索斯被称为不可分裂的和分裂的神灵[1]。

剥皮的主题，佐西莫斯一定也很熟悉。一个著名的类比就是，死而复活的阿提斯神[2]，就是剥皮后被绞死的马西亚斯。另外，传说认为，宗教导师摩尼通过剥皮置人于死地，他与佐西莫斯差不多是同时代人。随后，摩尼在死人的皮囊里塞满稻草，是为了提醒人们，这是阿提斯的出生和重生仪式。在雅典，每年都要宰杀一头牛，并剥下它的皮囊，用稻草填满，然后把这个填满稻草的假牛摆成犁地的架势，固定在地里。这显然是为了恢复土地的肥沃[3]。据考证，阿兹特克人、斯基泰人、古代中国人和巴塔哥尼亚人也有类似的仪式。

在前文这个幻象中，剥皮仅限于头部。这种剥头皮的做法，有别于Ⅲ，i，5描述的那种剥全皮的做法。它是把原始幻象和

---

[1] 费尔米库斯·马特尔努斯著，《宗教自由法》，哈尔姆编，第7章第89页。
[2] 阿提斯与基督有密切的关系。据传说，基督的诞生地伯利恒曾经是阿提斯的庇护所。最近的考古发掘证实了这一传说。
[3] 《宗教自由法》，第249页。

在这份摘要中提供的过程描述区分开来的诸多行动中的一种。正如传说割下并吃掉敌人的心脏或大脑,可以使自己拥有敌人的生命力或美德一样,人们认为剥头皮也是对生命源泉或灵魂的一种合并[1]。剥皮是一种转化的象征,我在《弥撒中转化的象征》一文里已做过详细的讨论。在这里,我只需要提一提酷刑或惩罚这个特殊主题。在对肢解和剥头皮予以描述时,这个主题尤为明显。由格奥尔格·斯坦多夫(Georg Steindorff)出版的阿赫米姆手稿《以利亚启示录》(Apocalypse of Elijah)中,有一个与此明显相似的主题。幻象中提到的铅制小矮人由于受了酷刑,"眼睛里充满了血"。《以利亚启示录》说,那些被扔进"永恒的惩罚中"的人:"他们的眼睛里混合着血丝。"[2]反弥赛亚的人如此迫害那些圣徒:"他要把他们头上的皮剥下来。"

这些相似的说法表明,$\kappa o \lambda \alpha \sigma \iota \varsigma$ 不仅是一种惩罚,而且是一种地狱的折磨。虽然我们不得不把它翻译成罚金(poena),但这个词在拉丁文《圣经》里是查找不到的,因为凡是提及"在

---

1 在不列颠哥伦比亚省的汤普森和舒斯瓦普印第安人中,头皮象征着乐于助人的守护神。——英编注

2 《宗教自由法》,第43页第5节第1段。

地狱的折磨里受煎熬"的地方,用的词都是酷刑(cruciare)或折磨(cruciatus),比如在《启示录》14:10中,"在硫黄与火中受折磨",或者在《启示录》9:5中,"受蝎子蜇人的痛苦"。相应的希腊语单词是 βασανιζειν 或 βασανισμοζ,具有双重含义,除了表示"折磨",还有用"试金石来检验"的意思。试金石常被用作哲人石的同义词。石头的真实性和不腐性,是通过受火刑来证明的,如果不受火刑,就得不到它。这个主题贯穿于所有的炼金术中。

在我们的文本中,剥皮特指剥头皮,仿佛意味着这是对灵魂的提取(如果"剥皮即为提取灵魂"的原始等式在这里仍然奏效的话)。在炼金术中,头部扮演着很重要的角色,而且自古以来就是这样。因此,佐西莫斯才把他的哲学家们称作"金头之子"。我在其他地方讨论过这个主题[1],现在就不必再讨论了。对佐西莫斯和后世的炼金术士而言,头的意思是"欧米伽元素"或"圆形元素",是神秘物质或转化物质的同义词[2]。因此,"斩首"意味着获得神秘物质。根据该文本,尾随在献

---

[1] 参见《弥撒中的转化和象征》,第240页及以后。
[2] 同上。

祭者后面的人物被命名为"太阳的子午线",他的头要被割掉。这种割掉金头的情况,也见于《皓日之辉》以及1598年的罗夏印刷品。在这个幻象中的献祭,是指献祭一个新加入的人,他已经有过固化的体验。在炼金术中,太阳是黄金的同义词。黄金,正如迈克尔·梅耶所说,"是太阳的循环工作","把闪亮的泥土塑造成最美丽的物质,在那里太阳的光线聚集在一起,照耀着万物"[1]。米柳斯说,水来自太阳和月亮的光线[2],根据《神秘的奥列利亚》,"太阳的光线聚集在水银中"[3]。多恩从天堂的不可见的光线中获得所有金属[4],其球形是密封容器的原型。鉴于所有这一切,我们假设那个被称为"太阳的子午线"的新加入者代表神秘物质,这种假设就几乎不会出错了。稍后,我们还将再次讨论这个观点。

现在,让我们来讨论这个幻象的其他细节。最引人注目的特征,正是那个"碗状的祭坛"。毫无疑问,它与波曼德雷

---

[1] 《变圆为方的物理学》,第15页及以后。
[2] 《哲学改革》,第313页。
[3] 《炼金术剧场》,第4卷(1659年)第496页。
[4] "思辨哲学",《炼金术剧场》,第1卷(1659年)第247页。

的火山口有关。这是造物主派到地球上来的容器,里面盛满了理性,以便那些力图获取更高级意识的人可以在里面给自己洗礼。在那段重要的段落里提到,佐西莫斯告诉他的朋友和"神秘姐妹"提奥塞比娅:"赶快到牧师那里去,在瓶中洗净自己,然后上到你自己的同类那里。"[1] 她必须下到死亡和重生的地方,然后上到她的"同类"那里,也即出生两次,或者,用福音书的话来说,上达天国。

显然,瓶是一种创造奇迹的容器,一种洗礼池或浴池。物质在其中浸泡,也在其中转化为一种精神的存在。后来炼金术中的密封罐指的就是它。毫无疑问,我认为佐西莫斯的瓶与《赫耳墨斯文集》中的波曼德雷的容器是密切相关的[2]。密封罐,也是灵命更新或重生的子宫。这个观点,与我在前面的脚注中引用过的《祝福之泉》的文字完全吻合[3]。在《伊希斯生了荷鲁斯》[4] 中,天使给伊希斯带来一个小容器,里面盛满

---

[1] 贝特洛,《古希腊炼金术士文集》,第3卷第51节第8段。
[2] 斯科特,《赫密斯神智学博物志》,第1卷第4册。赖岑施泰因,《牧人》(《赫耳墨斯总集》第1章),第8页及以后。
[3] 同上,第89页第8段。
[4] 贝特洛,《古希腊炼金术士文集》,第1卷。

了半透明的或"闪亮的"水。考虑到这篇论文的炼金术性质,我们可以把这水看作是这门艺术的圣水[1],因为在原初材料之后,这才是真正的奥秘。水,或尼罗河水,在古埃及具有特殊的意义:它是奥西里斯,即被肢解的最卓越的神[2]。一个来自埃德福的文本说:"我给你带来装有神的肢体(即尼罗河水)的器皿,你可以喝下它们;我使你的心脏得到恢复,使你感觉满意。"神的肢体就是奥西里斯被分割成的十四个部分。在炼金术文本中,有许多关于神秘物质的隐蔽神性的参考文献[3]。根据这个古老的传统,水拥有复活的力量;因为从死亡复活的是奥西里斯。在《造金词典》中[4],奥西里斯就是铅和硫黄的名称,两者都是神秘物质的同义词。因此,长期以来,铅一直作

---

[1] 神秘在这里象征着谷物的播种以及人类、狮子和狗的诞生。在化学用法中,它是指水银的固化(同上,第1卷,第13节,第6—9页)。水银因其银白色的光泽而成为这种圣水的古老象征之一。在玫瑰花坛中,它被称为"洁净的水"(《炼金艺术》,第2卷第213页)。
[2] 布吉,《埃及人的神》,第2卷第213页。
[3] 参见《以转化物质鉴定仁慈恶魔》,第3章第5节第3段。
[4] 贝特洛,《古希腊炼金术士文集》第1卷第2节。

为神秘物质的主要名称,被称为"奥西里斯密封的坟墓,里面装着神的所有肢体"[1]。

相传,塞特(提丰)用铅盖住了奥里西斯的棺材。帕塔西奥斯告诉我们:"火的领地是由铅控制和封锁的。"奥林皮奥德鲁斯引用了这句话,他评论说,帕塔西奥斯对此的补充解释是:"铅是水,是从男性成分中涌出来的。"[2] 但是他说,这种男性成分是"火的领地"。

这一思路表明,是水的灵,或是灵的水,本质上是一个悖论,是一对像水火那样的对立物。在炼金术士的"本源之水"中,水、火、灵的概念,是合并在一起的,正如它们用于宗教时一样。[3]

---

[1] 出自亚历山大的奥林皮奥德鲁斯的论著(参见第2卷第4节第42页)。在这里,"奥西里斯"是与普鲁塔克的观点一致的"全湿原理"。这是指铅的熔点相对较低。

[2] 同上,第2卷第4节第43页。

[3] 参见圣罗马努斯关于神的显现的赞美诗:"……三个孩子中看上去年长一些的他,就像火中的露珠,现在是一团在约旦河中闪烁的火,他本人就是不可企及的光。"(彼得,《箴言书》,第1章第21节)

除了水的主题外，构成这篇论伊希斯的文章之背景的故事，也包含了侵犯这一主题。文中说[1]：

伊西斯这位女先知对她的儿子荷鲁斯说：我的孩子，为了你父亲的王国，你应该去和不忠的提丰作战，而我则退到埃及的神圣艺术之城荷玛努提，我曾在那里逗留过一段时间。根据当时的环境和天体运动的必然结果[2]，有一位居住在第一层苍穹的天使从上面望着我，并希望和我性交。他很快就下定决心要把这件事办成。我没有屈服，因为我想打听一下金银的炼制方法。但当我向他问起时，他告诉我，有人不允许他说出来，因为这些秘密极为重要。但第二天，有一位比他还大的天使，名叫亚纳姆尔的，会来告诉我解决问题的办法。他还提到了这位天使的标志——一个顶在头上，展示给我看的没有倾斜的小容器，里面盛满了半透明的水。真相将由这位天使来告诉我。第二天，当太阳正穿过其行程的中点时，亚姆纳尔出现了，他比第一位天使大，怀着同样的欲望，毫不犹豫，急急忙忙向我走来。但我还是下定决心把这件事查个明白[3]。

1 贝特洛，《古希腊炼金术士文集》，第1卷第13节1—4段。
2 在这个文本中替代 $\phi\varepsilon\nu\rho\iota\kappa\eta s$。
3 这门艺术的秘密。

她没有向他屈服。但天使仍然向她透露了秘密。这些秘密，她可以只传给她的儿子荷鲁斯。随后就是许多在这里看来索然无味的配方。

天使，作为一种有翅膀的或有灵性的存在，像墨丘利斯一样，代表挥发性物质、普纽玛（灵魂）和无实体的气。炼金术中的精神，几乎总是与水或全然的潮湿存在某种关联。或许这一事实，可以用最古老的化学形式，即蒸煮艺术的经验性质来解释。从沸腾的水中产生的蒸汽，传递出"交代作用"的第一个生动印象，也即把物质转化为非物质、转化为精神或普纽玛。灵与水的关系取决于以下事实，即灵像鱼一样，隐于水中。在《寓言集》[1]中，这条鱼被描述为"圆形的"，有创造奇迹的美德。从该文本中可以明显看出[2]，它代表着神秘的物质。该文本说，从炼金术的转化中产生出一种洗眼剂，能使哲学家更好

---

1 《炼金艺术》，第1卷第141页及以后。
2 "海里有一种圆鱼，没有骨头和鳞。它身体里有一种脂肪，即一种创造奇迹的美德，如果用文火烹煮，直到它的脂肪和水分完全消失，这时它就算彻底清洗干净了，把它浸泡在海里，直到它开始闪烁。……"这是对转化过程的一种描述。参见《永恒之岛》，第195页及以后。

地看清那些秘密[1]。那条"圆鱼"似乎是《哲人集》(*Turba*)里提到的"圆形的白色石头"的一个相关物。提起这事,书中说道:"在它本身之中,有三种颜色和四种性质,是由活物孕育出来的。"那个"圆形的"东西或元素,在炼金术中是一个著名的概念。在《哲人集》里,我们遇上圆形:"为了子孙后代,我提醒大家注意那个圆形,它将金属变成了四份。"从上下文可以清楚地看到,那个圆形等同于永恒之水的概念。

在佐西莫斯那里,我们也遇到了同样的思路。提到圆形或欧米伽元素时,他说:"它由两部分组成。在有形的语言中,它属于第七区,也即克罗诺斯区;但在无形的语言中,它是不同的东西,可能还没有被揭示出来。只有尼科提奥斯知道这件事,而且人们找不到他[2]。在有形的语言中,它被命名为奥奇阿诺斯,他们说,这是诸神的起源和种子[3]。因此,圆石向外是水,向内是奥秘。对先验论者而言,克罗诺斯是一种"拥有

---

1 "他那双受膏的眼睛能轻易地窥见哲学家们的秘密。"
2 《心理学与炼金术》,第456页。
3 贝特洛,《古希腊炼金术士文集》,第3卷第19节第1段。

水的颜色的力量"[1]，"他们说，水就是毁灭。"

水和灵常常是等同的。因此，埃莫劳斯·巴尔巴鲁斯[2]说："还有一种炼金术士的天堂水或圣水，德谟克利特和赫耳墨斯·特利斯墨吉斯忒斯都知道。有时，他们称它为圣水；有时，他们称它为斯基泰人的果汁；有时，他们称它为'气'，即一种灵，具有以太的性质，是万物的精髓。"[3] 卢兰把这种水称为"灵的力量，一种属天的精灵"[4]。克里斯托弗·斯蒂布对这个观念的起源做了有趣的解释："圣灵在苍穹之上的水面上孵化出了一种力量，这种力量以最微妙的方式渗透在万物之中，温暖着万物，而且与光结合，在地下世界的矿物王国里，生成水银蛇；在植物王国里，生成祝福的绿色；在动物王国里，生成造型的力量。因此，与光结合的超凡入圣的水之灵，就可以被贴切地称为世界的灵魂。"[5] 斯蒂布继续说道，当天国的水被

---

1 希波吕图斯《辩驳法》，第5章第16节第2段（莱格译，《哲人集》，第1卷第154页）。

2 埃莫劳斯·巴尔巴鲁斯（1454—1493年），阿奎利亚枢机主教，伟大的人文主义者。

3 引自迈尔，《黄金的象征》，第174页。

4 《炼金术辞典》，第46页。

5 《倒悬树球面》，第33页。

圣灵激活，它们会立即坠入一种圆周运动，由此产生世界灵魂的完美的球形范式。因此，圆形是世界灵魂的一小部分，很可能这就是佐西莫斯守护的秘密。所有这些观念，都明确指向柏拉图的《蒂迈欧篇》。在《哲人集》里，巴门尼德这样赞美水："噢，你们这些超凡的质素，凭上帝的神迹，使真理的属性倍增！噢，摧枯拉朽的自然伟力，你征服了天性，使天性欢喜快乐[1]！对她来说，这是多么特别，上帝赋予她连火也不具备的能量……她本身就是真理，你们一切寻求智慧的，用她的物质来液化，她就会带来最高级的作品。"[2]

苏格拉底在《哲人集》里也说过同样的话："哦，天性是怎样把身体变成精神的啊！……她是最浓烈的醋，能使黄金变成纯净的灵魂。"[3] "醋"是"水"的同义词，正如该文本所示，也是"红色精灵"的同义词。在论及后者时，《哲人集》说："从转化为红色精灵的化合物中，产生了世界的原则。"也就是

---

1 这是暗指伪德谟克利特格言。
2 鲁斯卡，第190页。
3 同上，第197页。

世界的灵魂[1]。

《曙光乍现》说:"迸发出你的灵来,那是水……你必使地表焕然一新。"又说:"圣灵之雨溶化了。他将发出他的命令……他的风必刮起,水必流尽。"[2] 阿纳德斯·德·维拉诺瓦(1235—1313)在他的《繁花》一书中说:"人们称水为灵,而它的确是灵。"[3]《哲学玫瑰园》(Rosarium philoso-phorum)明确地说:"水就是灵。"[4] 在科马里奥斯(公元1世纪)的论著中,水被描述为一种长生不老药,能唤醒沉睡地狱中的亡灵,

---

[1] 与鲁斯卡的观点相反(《特巴》,第201页),我坚持手稿中的读法。因为它仅仅是第一物质的潮湿灵魂,也即"根本潮湿"的一个同义词。水的另一个同义词是"精神的血液"(参见第129页),鲁斯卡正确地将其与希腊语中的 $\pi\nu\rho\rho o\nu\alpha\iota\mu\alpha$(火色的血液)进行了对比。"火=精神"的等式,在炼金术中很常见。因此,正如鲁斯卡自己所说(第129页),墨丘利斯(一个频繁提到的用来指代永恒之水的同义词,参见鲁兰的《辞典》),被称为烈性药物。

[2] 参见《曙光乍现》(冯·弗兰兹编),第85页、91页。

[3] 《炼金艺术》,第2卷第482页。

[4] 同上,第2卷第239页。

使之进入新的踊跃的生命[1]。阿波罗尼厄斯在《哲人集》中说[2]:"但是,你们这些教义之子,那东西需要火,直到那具躯体的灵魂受到改造,在漫漫长夜中伫立,像一个人躺在坟墓里,化为尘土。这事以后,上帝必归还它的灵魂和精神。软弱既被除去,那东西在经历了毁灭之后,就必更加强盛,更加美好,正如人复活以后,比在尘世时越发强壮,越发年轻。"水对物质的作用就像上帝对身体的作用一样。它等同于上帝,它本身就是神性的。

正如我们已经看到的,水的属灵性质来自圣灵对混沌的"孵化"(即 brooding,《创世纪》1:3)[3]。《赫尔墨斯文集》中也有类似的观点:"在无形无状的水和深渊里,尽是黑暗。有一股微妙的、智慧的气息,以神圣的力量渗透进混沌的万物之中。"[4] 支持这一观点的首先是《新约》中受"水和圣灵的洗

---

1 贝特洛,《古希腊炼金术士文集》,第4卷,第20节,第8段:"请告诉我们,那祝福的水是怎样从上面下来唤醒那些杂乱地躺在地狱里,被铁链锁在黑暗中的死者;是怎样把生命的灵丹妙药给他们服下,并将他们从沉睡中唤醒的……"
2 同上,第139页。
3《创世纪》1:3:"神说,要有光,就有了光。"
4 斯科特,《赫密斯神智学博物志》,第1卷第147页。

礼"的母题,其次是祝福之泉(benedictio fontis)的仪式。这种仪式,是在复活节前夕举行的[1]。但是,创造奇迹的水的观念,最初并不是来自基督教或《圣经》,而是来自希腊自然哲学,其中还可能掺杂有埃及的影响。水由于自身的神秘力量,不仅能赋予人生命,使人受精,而且也能杀人。

在这种圣水里,它的二元性(dyophysite)[2]被不断强调,积极的和消极的,阳性和阴性的,两种原则相互平衡,构成了生与死永恒循环中创造力的本质[3]。这一循环在古代炼金术中,

---

[1] 序言:"愿圣灵的能力,临到这满溢的洗礼盆里,愿它使水这种物质具有卓有成效的新生的力量。"(《弥撒书》,第431页。)

[2] 它和墨丘利斯的二位一体具有同样的特质。

[3] "在生命的洪流中,在工作的风暴中,

在潮起潮落时,

在经纬线上,

摇篮和坟墓,一个永恒的大海,

一个持续变化的补丁,

一种流光溢彩的盛放,

在时间呼呼作响的织机旁,我编织

神的活衣裳。"

因此,这就是大地之灵,浮士德的水银之灵。(迈克奈斯译本,第23页)

是以咬自己尾巴的龙[1]——或衔尾蛇的象征来表示的。自我吞噬就是自我毁灭[2]，但是，龙的尾巴和嘴的结合也被认为是自我受精。因此，这些文本说："龙杀死自己，与自己结婚，使自己怀孕。"[3]

这个古老的炼金术观念，在佐西莫斯的幻象中戏剧性地重现，就像是在真实的梦中一样。在Ⅲ，i，2中，约恩祭司屈从于"无法忍受的折磨"。"献祭者"通过用剑刺穿约恩来执行

---

[1] 在埃及，灵魂的黑暗被描绘成一条鳄鱼。（布吉，《埃及人的神》，第286页）

[2] 在《奥斯坦尼斯书》（贝特洛，《中世纪的炼金术》，第3卷，第120页）中，有一幅画描述了一只长着鹰翼、象头和龙尾的怪物。这些部分相互吞噬。

[3] 说到水银（生命之水）时，它说道："这是一条蛇，自行交配，自行怀孕，在一天之内生出自己；它用自己的毒液杀死一切，并将成为火的火。"（阿维森纳论文，《炼金艺术》，第406页）"龙出生在黑魔中，以墨丘利斯为食，然后自杀。"（《玫瑰花坛》，同上，第2卷第230页）。"活着的水银被叫做蝎子，也就是毒液；因为它杀死自己，使自己复活。"（同上，第271页及以后）。人们经常引用的谚语，"龙死去，不与它的兄弟姐妹一起存活下来"，由迈尔（《黄金的象征》，第466页）做了以下解释："因为每当天上的太阳和月亮相遇时，龙的头和尾必咬合在一起；当日食或月食发生时，太阳和月亮的结合与统一也必发生。"

献祭的行为。因此，约恩预示着那个穿着耀眼的被称为"太阳的子午线"的人（Ⅲ, vbis），这人被斩首，而我们把他和伊西斯的神秘事件中新入会者的内部光明联系起来了。这个形象，相当于国王的秘教术士或普绪科蓬波斯[1]，普绪科蓬波斯在中世纪晚期的炼金术文献《阿道夫的阐述与解释》描述的一个幻象中出现过，它构成了《神秘的奥列里亚》的一部分[2]。据人们判断，这个幻象与佐西莫斯的文本没有任何联系，我也很怀疑，我们是否应该认为它只是一个纯粹的寓言。它包含着一些不传统但完全独创的特性，因此，它似乎是一次真正的梦境体验。无论如何，根据我的专业经验，我知道类似的梦境在今天也发生在那些不懂炼金术象征的人身上。这个形象与一个戴着星形王冠的华丽男性角色有关。他的长袍是用白色的亚麻布制作的，上面点缀着五颜六色的花朵，以绿色为主。为了缓解那位行家里手的疑虑，他说："阿道尔弗斯，跟我来。我要给你看一看为你准备的什物，好叫你可以从黑暗步入光明。"因此，这人是真正的赫耳墨斯和发起者，他指导着那位行家里手的精

[1] 赫耳墨斯的祭祀用别名之一，负责把死者的灵魂带到冥府。——译者注
[2]《炼金术剧场》，第4卷（1659年）第509页及以后。

神转化。这一点在后者的冒险经历中得到了证实。当时他收到了一本书，上面描写的是"喻示堕落"的老亚当。我们可以认为，这表示这位普绪科蓬波斯是第二位亚当，一个类似于基督的人物。这里没有谈到献祭，但是，如果我们的猜想是正确的，这个想法将被第二个亚当的出现所证实。一般来说，国王的形象是与制服的主题联系在一起的。

因此，在我们的文本中，太阳或黄金的化身是要被献祭的[1]，而他那颗用太阳的光环加冕的头颅被砍掉，因为它包含着奥秘，或本身就是奥秘[2]。在这里，我们有一个神秘的精神

---

[1] 国王的杀戮（制服）出现在后来的炼金术中（参见《心理学与炼金术》，图173）。国王的王冠使他像个太阳。这个主题属于更广泛的神的献祭的背景，它不仅在东方，而且在西方，尤其是在古墨西哥发展起来。那个特斯卡特利波卡神的化身（火红的镜子）就是在托克斯卡特尔的宴会上被献祭的（史佩斯，《墨西哥诸神》，第97页及以后）。同样的事情，也发生在对太阳神维齐洛波奇特利的崇拜中（同上，第73页），对太阳神这个人物的描绘，在提奥夸尔中，即"神可进食"的圣餐仪式中也出现过（《弥撒中的转化和象征》，第223页）。

[2] 献祭者的太阳性质被以下传统所证实：那个注定要被哈兰的祭司砍头的人，必须有金发和蓝眼睛（同上，第240页）。

本质的喻示，因为一个人的头颅首先象征着意识的所在[1]。在伊西斯的幻象中，持有秘密的天使再次与"太阳的子午线"联系起来了，因为文本上说，当他出现时，"太阳正穿过其行程的中点"。这个天使的头颅里，装着神秘的灵丹妙药，他与"太阳的子午线"的联系清楚地表明，他正是带来光明的太阳的天才或太阳的信使，即意识的增强和扩展。他的不得体行为，也许可以用下述事实来解释：就道德而言，天使总是享有一种可疑的名声。在教堂里，让妇人遮盖她们的头发，仍然是特定的规则。直至19世纪，尤其是在新教地区，当妇人们礼拜天去教堂时，仍不得不戴上一种特殊的头巾[2]。这并不是因为会众里的男人，而是因为天使有可能在场，他们可能一看到女性的头发，就陷入癫狂的状态。他们对这些事情的敏感，可以追溯至创世纪6：2[3]，在那里，"神的儿子们"对"人的女子们"情有独钟，就像伊西斯文章中的那两位天使一样，完全控制不住

---

1 参见我对哈兰人的首领之谜和传说中罗马教皇西尔维斯特二世的头部神谕的评论（《弥撒中的转化和象征》，第240页）。
2 其形式仍然可以在教堂执事的头巾上看到。
3 《创世纪》6：2："那时候有伟人在地上。后来神的儿子们和人的女子们交合生子，那就是上古英武有名的人。"

自己的热情。可以确定，这篇文章写于公元1世纪，其观点反映了埃及的犹太—希腊天使学[1]，这很容易被埃及人佐西莫斯所知晓。

关于天使的这些观点，极为巧妙，既契合男性心理学，也契合女性心理学。如果天使真的存在，他们就是寻求表达的无意识内容的信号传递者之化身。但是，如果有意识的理智还没有准备好吸收这些内容，那么，他们的能量就会流入情感和本能的领域。这就会引起情感、刺激、坏情绪和性兴奋的爆发，结果就是使理智彻底迷失方向。如果这种情况变成慢性的，就会发展成人格分裂，弗洛伊德将其描述为压抑，并由此产生所有众所周知的后果。因此，于心理治疗而言，最重要的就是使个体了解自身引发分裂的那些内容。

正如天使亚姆纳尔随身带有神秘物质，"太阳的子午线"本身也是神秘物质的代表。在炼金术文献中，用剑刺穿或切割

---

[1] 根据犹太教的传统，这些天使（包括撒旦），是在上帝创世的第二天（月亮诞生的日子）被创造出来的。在创造人类的问题上，天使们立刻产生了分歧。所以上帝暗暗地造了亚当，免得惹天使们不悦。

的过程，是以切割哲学蛋这种特殊形式进行的。也就是说，哲学蛋是用剑来切割的，分成四种性质或元素。作为一个奥秘，这颗蛋是水的同义词[1]，也是龙（水银蛇）[2]的同义词。因此，在微宇宙或单细胞生物的特殊意义上，它也是水。既然水和蛋是同义词，那么，用剑把蛋劈开，这个动作也适用于水。"拿起这个容器，用剑刺穿它，夺走它的灵魂……我们的容器就这样成了我们的水。"[3]同理，这个容器也是蛋的同义词，因而可以被如此制作："倒进圆形的玻璃容器里，使之成为小瓶或蛋的形状。"[4]这个蛋是世界之蛋的复制品，蛋白与"天空之上的水"，也即"闪亮的液体"相对应，而蛋黄对应于物质世界[5]。

---

1 "他们把水比作鸡蛋，因为水包围着蛋里面的一切。本身就拥有必要的一切。"（出自"配偶法则"，《炼金艺术》，第140页）"拥有必要的一切"，是上帝的属性之一。
2 迈尔，《黄金的象征》，第466页。参见《高阶炼金术》，第108页："龙就是圣水。"
3 《赫密斯神智学博物志》，第785页。
4 同上，第90页。
5 斯蒂布，《倒悬树球面》，第33页。

这个蛋包含着四种元素[1]。

除了我们已经提到过的意义，这把切开蛋的剑似乎还有一种特殊的意义。《智慧的结合》中说，结婚的太阳和月亮，"必定被它们自己的剑杀死，借以吸取不朽的灵魂，直至隐匿在最深处的（即从前的）灵魂被消灭"。墨丘利斯在1620年的一首诗中抱怨说，他被"一把火红的剑伤得痛不欲生"[2]。根据炼金术士的说法，墨丘利斯是一条在天堂里就已拥有"知识"的

[1] 也可参见"蛋命名法"，见载于贝特洛《古希腊炼金术士文集》，第1卷第14节，以及奥林匹斯德鲁斯关于蛋、四元一体或球形的小瓶的论述。关于蛋和衔尾蛇的同一性，以及四元一体性，可参看《哈比布之书》（贝特洛，《中世纪炼金术士文集》，第2卷，第92页，第104页）。在迈尔的《炼金术研究》（第22页）的第8个纹章图案里，有一幅用剑劈开蛋的图，上面的题词是："拿着这颗蛋，用燃烧的剑刺穿它。"第25个纹章图案展示的是屠龙。在兰姆斯普林克的第二个象征里（《赫密斯神智学博物志》，第345页），也显示了用剑斩杀的内容，题目是："腐败"。杀死和一分为四同步进行。"制服（见拉皮迪斯）分离元素。"（《特巴》第九章中的"练习"一节）参见"克雷茨的幻象"中与龙的戏剧性交战（贝特洛，《中世纪炼金术士文集》，第2卷，第77页及以后）
[2] 《真实的赫耳墨斯》，第16页，参见下文第276页。

老蛇,因为他是魔鬼的近亲。使他痛不欲生的,正是天使在天堂门口挥舞的那把火红的剑[1]。不过,他自己就是这把剑。在《真理的镜子》中有一幅图[2],描绘的是墨丘利斯挥剑斩杀国王和蛇——"他用自己的剑自杀了"。这说明,萨杜恩也被剑杀死了[3]。这把剑很适合墨丘利斯,因为它是丘比特之箭激情急遽(telum passionis)的变体。[4]多恩在他的《思辨哲学》[5]中,对这把剑做了一段颇有兴味的长篇解释:它是"上帝的愤怒之剑",它以基督之道的形式悬挂在生命树上,于是上帝的愤怒变成了爱,"恩典之水如今清洗着整个世界"。在这里,和在佐

---

[1] 这个母题也出现在"神秘的金蛹"中关于亚当的寓言里,见《炼金术剧场》,第4卷(1659年),第511页及以后。它描述了天使如何用他的剑在亚当身上刺了好几处血肉模糊的伤口,因为亚当拒绝搬出伊甸园。亚当正是神秘物质的象征,他"从伊甸园中提取"的夏娃最终是用流血的魔法完成的。
[2] 《心理学与炼金术》中的图150。
[3] 《沃西亚努斯手稿》,第29卷第73页。
[4] 雷普利的"抒情曲",第17节。参见《神秘的结合》,第285页。——英编注
[5] 《炼金术剧场》,第1卷(1659年)第254页。参考《弥撒中的转化和象征》,第34页及以后。

西莫斯的幻象中一样,水又和献祭行为联系起来了。因为逻各斯就是神的道,"比任何两刃的剑都锋利"(希伯来书 4:12)[1],这样一来,在做弥撒时,献祭的话语也就可以被解释为供献祭用的刀,用来杀死祭品的了[2]。人们可以在基督教的象征符号中,发现和炼金术中的诺斯替教思绪相同的"循环"。在这两种情况下,献祭者就是被献祭的,杀向祭品的剑与被杀的祭品是同一样东西。

在佐西莫斯看来,这种循环的意绪表现在献祭的祭司与其祭品的身份认同上,也表现在这一非凡的观念中:由约恩变成的小矮人吞噬他自己。他吐出自己的肉,用自己的牙齿咬碎自己。因此,小矮人就是衔尾蛇,它吞噬自己,又生出自己(就像把自己吐出来一样)。由于小矮人代表约恩的转化,因此,约恩、衔尾蛇和献祭者在本质上是相同的。他们代表了同一原则的三个不同方面。这个等式,被本文的那一部分象征所证实,我把它称之为"摘要",并把它放在这些幻象的最后。被献祭的祭品,确实是衔尾蛇,它的圆环形式,是由神殿的形状所暗示

---

[1]《希伯来书》4:12:神的道是活泼的,是有功效的,比一切两刃的剑都锋利。——译者注
[2]《弥撒中的转化和象征》,第215页。

的，就其建筑形式而言，神殿无始无终。肢解祭品相当于把混沌分成四个部分，或把洗礼水分成四个部分。这样做，是为了在混沌中开创秩序，正如在引文Ⅲ，i，2中所表示的那样，"是遵循和谐的法则"。在心理学上与此对应的是，通过反思，使突破到意识中去，且明显地处于混乱中的无意识碎片秩序化。多年前，我在对炼金术及其运作一无所知的情况下，根据意识的四种功能，创建了一种心理类型学，把它作为一般心理过程的秩序原则。我无意识地运用了叔本华的原型，该原型曾导致叔本华给他的"充分理性原则"赋予一个由四部分组成的根[1]。

神殿是用"一块石头"建成的，这显然是对哲人石的一种诠释。神殿里最纯净的泉水就是生命的源泉，这是一种暗示，即石头的产物是生命力的一种保证。同理，在它里面闪耀的光可以被理解为整体带来的光明[2]。启蒙就是一种意识的提升。在后来的炼金术中，佐西莫斯的神殿是作为 domus thesaurorum

---

[1] 参考我的《三位一体教义的心理学方法》，第167页。
[2] 容器的光泽经常被提及，例如在"特巴中的寓言文本"（《炼金艺术》，第1卷第143页）中提道："……直到你看到这器皿像紫玛瑙一样闪闪发光。"

（宝藏）或 gazophylacium（宝库）出现的。[1]

虽然闪闪发光的白色的"整块巨石"无疑代表着石头，但同时，它也明显地象征着密封的容器。《哲学家的玫瑰园》说："一种是石头，一种是药，一种是容器，一种是程序，一种是配置。"[2]《论炼金术的黄金》的批注，说得更透彻："让所有的一切在一个圆形或容器中合一。"[3] 迈克尔·梅耶把这一观点归因于犹太女人玛利亚（"摩西的姐妹"），即这门艺术的全部秘密，就躺卧在密封容器的知识中。它是神圣的，是向人隐藏的上帝的智慧[4]。《曙光乍现》Ⅱ[5] 说，自然的容器就是永恒的水和"哲学家的醋"，这句话显然意味着它就是神秘物质本身。当说到密封的容器就是"对你的火的测度"，而且它一直"被斯多葛学派隐藏"[6]的时候，我们应该在这个意义上来理解

---

[1]《炼金制品》，第9页。
[2] 1550年版，附页A3。
[3]《炼金术圣典》，第1卷第442页。
[4]《黄金的象征》，第63页。
[5]《炼金艺术》，第1卷第203页。
[6] "斯多葛学派"也在"Liber quartorum"中被提到过，《炼金术剧场》，第5卷（1660年）第128页。

玛利亚的实践[1];密封的容器是对墨丘利斯加以转化的"有毒的身体",因此是哲学家们的水[2]。作为神秘的物质,容器不仅是水,而且是火,正如《智慧寓言》所阐明的那样:"因此,我们的石头,即火的烧瓶,是由火创造的。"[3]因此,我们可以理解为什么米利乌斯[4]把容器称为"我们艺术的根本和原则"了。劳伦提乌斯·文图拉[5]称其为"露娜"(月亮),即阿尔巴的女人(foemina alba)和石头之母。根据《柏拉图的第四书》的观点[6],那件"不被水溶解也不被火熔化"的容器,就像"上帝在盛着神圣种子的容器里做工,因为它接受了黏土,塑造了它,并把它与水和火混合在一起"。这是对造人的暗示,但另一方面,它似乎指的又是造灵魂,因为之后该文本立即谈到从"天堂的种子"产生灵魂。为了抓住灵魂,上帝创造了

1《炼金艺术》,第1卷第323页。

2 霍格兰德,"炼金术的困境",《炼金术剧场》,第1卷(1659年),第177页。

3《炼金术剧场》,第5卷(1660年),第60页。

4《思辨哲学》,第32页。

5《炼金术剧场》,第2卷(1659年),第246页。

6 同上,第5卷(1660年),第132页。

"vas cerebri"，即头盖骨。这里，容器的象征意义与头部的象征意义是一致的，这一点我在《弥撒中的转化和象征》一文里已经讨论过了。

全然潮湿的原初物质必然与灵魂有关，因为灵魂在本质上也是潮湿的，有时它以露水作为象征[1]。容器的象征就是以这种方式迁移到灵魂的。在赫斯特巴赫的凯撒利乌斯那里，有一个绝妙的例子：灵魂是一种球形的精神物质，就像月球，或者像一个"前后都有眼睛"并且"看得到整个宇宙"的玻璃容器。这让人想起炼金术的那条多眼龙和依纳爵·罗耀拉的蛇的幻象[2]。在这方面，米利乌斯[3]关于这一容器导致"整个苍穹在它的轨道上旋转"的评论，特别有意思，因为，正如我已经指出的，繁星点点的天空的象征意义与复眼的主题是一致的[4]。

[1] 参见我的《移情心理学》中"灵魂的下沉"，第438和497页。
[2] 参见我的《论心灵的本质》，第198页。
[3] 《思辨哲学》，第33页。
[4] 《论心灵的本质》，第198页及以后。

在做了所有这些分析之后，我们应该能够理解多恩的观点了，即制作容器"是一件难以办到的事情"[1]。它本质上是一种精神操作，创造一种内在的准备状态，用于接受以任何主观形式出现的自我原型。多恩把这件容器称作哲学的鹈鹕，并且说，在它的帮助下，才能把第五元素从原初物质中萃取出来[2]。为《炼金术的黄金》做批注的匿名作者说："这件容器是真正哲学的鹈鹕，全世界再也找不到第二件了。"[3]它是哲人石本身，同时又包含哲人石，也就是说，自我就是它本身的容器。这种说法，是通过频繁地把哲人石比作蛋或吞噬自己又生出自己的龙而得出的。

炼金术的思想和语言，严重依赖神秘主义：在《巴拉巴书》中[4]，基督的身体被称作"圣灵的器皿"。基督自己就是那只

---

[1] 《炼金术剧场》，第1卷（1659年），第506页及以后。"我们的容器……应该依据真正的几何比例和尺度来制作，而这是一件难以办到的事情。"
[2] 同上，第422页。
[3] 同上，第4卷（1659年），第698页。
[4] 莱克，《使徒诸父》，第1卷，第383页。

为了他的雏鸟拔去胸脯上的羽毛的鹈鹕[1]。根据赫拉克雷斯教派的教义,这位垂死之人应该这样来表达造物主的力量:"我是比生下你的女人更宝贵的器皿。你们的母亲不知道自己的根在哪里,我却知道我自己的根,也知道我从哪里来,我呼唤不朽坏智慧,它就在父的里面[2],是你们母亲的母亲,而她没有

[1] 基督撕裂的胸膛,他的身体侧面的伤口,以及他的殉道之死,都与炼金术的制服、肢解、剥皮等相似,也与人内在的诞生和启示相似。参看希波吕图斯关于弗吉利亚体系的报告。弗吉利亚人的教导说,万物之父被称为杏树,他是预先存在的,在他自己身上孕育着"在深处悸动的完美果实"。他撕裂自己的胸膛,生出了他那不可见的、没有名字的、难以命名的孩子。那就是"看不见的神,万物是借着他造的,凡被造的没有一样不是借着他造的"(此处暗指《约翰福音》1:3),他是"Syriktes"(和谐的精神),是吹笛人,也是风(气)。他被创造,他是"长着一千只眼睛的不能被人猜透的上帝之道,是报喜的话语和伟大的力量"。他"被藏在万物扎根的居所里"。他是"天国,是种子的种子,是不可分割的一点……只有属灵的人才知道"。(参见莱格译,《哲学家》,第1卷,第140页及以后)

[2] 赫拉克雷斯教导说,世界的大地是一个名叫拜陀斯(深海)的原始人,其既不是男性也不是女性。人的内在从这个存在中产生,是人的对立面,是"从天上的普累若麻下来的"。

母亲,也没有男性伴侣。"[1]

在炼金术深奥的象征作用中,我们听到了这一思想一个遥远的回声,如若没有进一步发展的希望,这一思想注定要在教会的审查之下毁灭。但我们也在其中发现了一种趋向未来的探索,一种对时间的预感,这时,投射会返回到人,这一思想最初就是由此产生的。有趣的是,这种倾向以奇怪而笨拙的方式呈现于炼金术象征主义的幻境中。以下的说明是在约翰内斯·德·鲁佩西萨那里提出的:"要造一个像基路伯的器皿,这基路伯是神的脸。让它长出六只翅膀,就像六只向后伸展的胳膊,上面是一个圆形的头……"[2] 由此看来,虽然理想的蒸馏器应该像某种怪异的神,但它却近似于人的形象。鲁佩西萨把这精华称为"天人",并且说它"就像天空与星辰"。《哈布比之书》[3] 说:"人的头也类似于一个冷凝装置。"说起打开宝库的四把钥匙时,《智慧的结合》[4] 解释说,其中一把是"水从器

---

[1] 埃彼法尼,《粮仓》(霍伊尔编),第2卷第461页。
[2] 《美德的精髓》,第6页。
[3] 贝特洛,《中世纪炼金术士文集》,第3卷第80页。
[4] 《炼金制品》,第110页。

皿的颈部上升到头部,就像个活人。"在《四部曲》中有一个相近的观点:"这件器皿……一定是圆形的,这件人工制品,也许是天空和头盖骨的转换器,正如我们需要的东西是一件简单的东西一样。"[1] 这些观点可以追溯到佐西莫斯所说的头部的象征作用,但同时,它们也暗示了这种转换是发生在头部的,是一种心理过程。这种实现,并不是后来拙劣伪装的事物,其详尽的表述证明了它是如何顽固地被投射到物质中的。通过撤销投射而获得心理学知识,似乎从一开始就是一件极其困难的事情。

这条龙或蛇,代表着无意识的初始状态,因为正如炼金术士所说,这种动物喜欢居住在"洞穴和黑暗的地方",无意识不得不被献祭;只有这样,一个人才能找到进入头部的入口,

---

[1]《炼金术剧场》,第5卷(1660年),第134页。最终,"res-simpplex"指的是上帝。它是"无知觉的"。灵魂是单纯的,"除非物质变得单纯,否则这件作品就是不完美的"(第116页)。"知性是单纯的灵魂""也知道高于它的是什么,并且有一位上帝围绕着它,而知性不能理解他的本性"(第129页)。"事物有其存在,皆源于此,就是不可见也不为所动的上帝,这种理解,就是通过其意欲而创造出来的。"(第129页)

以及有意识的知识和理解的路径。英雄与龙的普遍争战,再次上演,毫无新意的是,每次在其胜利结束时,太阳升起:意识开始显现并被感知,人们意识到转变过程正在圣殿里发生,也就是在头脑里发生。它的确就是那个内在的人,在这里被描绘成一个小矮人,他经历了把铜变成银和把银变成金的过程,他由此经历了价值的逐渐提升。

在现代人听来,这很奇怪,那个内在的人和他的精神成长应该用金属来象征。但历史事实不容置疑,这种观念也不是炼金术所独有的。例如,据说查拉图斯特拉领受了阿胡拉·马兹达[1]的无所不知的饮料之后,在梦中看见一棵树,树上有金、银、钢和混合铁这四根树枝[2]。这棵树,相当于炼金术的金属树,也即哲学树,如果有任何意义的话,它象征着灵性的成长和最高的启示。冰冷、没有活力的金属显然是精神的直接对立物——但是,如若灵魂像铅一样死气沉沉的呢?这时,一个梦可能会很轻易地告诉我们在铅或水银中去寻找它!自然似乎

---

[1] 古伊朗的至高神和智慧之神,被尊为"包含万物的宇宙"。
[2] 莱森施泰因和谢德,《伊朗和希腊的古代综合论研究》,第45页。

是要推动人类的意识走向更大的扩展和更清晰的境界，并因此不断地利用人类对金属的贪欲，尤其是对贵重金属的贪欲，驱使人类去寻找它们，并研究它们的特性。这样一来，他也许会明白，在矿里不仅可以找到矿脉，而且还可以找到柯宝[1]和小金属人，可能铅里还藏着一个致命的魔鬼或圣灵的鸽子。

很明显，一些炼金术士经历了这一认知的过程，在那里只有一堵薄薄的墙将他们与心理上的自我意识隔离开来。基督教的罗森克鲁茨仍在分界线的这一边，但在《浮士德》中，歌德却站在了另一边，当内在的人，或隐藏在小矮人身上的更伟大的人格，出现在意识之光中，并与过去的自我——动物般的人——对抗时，歌德就能描述由此产生的心理问题了。浮士德不止一次对梅菲斯特[2]金属般的冷酷有所暗示，浮士德先是以狗的形象绕着梅菲斯特转（衔尾蛇的主题）。浮士德把他当作熟悉的精灵来看待，最终又以被欺骗的魔鬼为母题把他驱除；但他仍然相信梅菲斯特给他带来的名声和施魔法的能力应归

---

[1] 柯宝（kobold），德国神话里的地下精灵。——译者注
[2] 梅菲斯特，意为"不爱光的人"，据说在希伯来文中该词意为"说谎者"和"破坏者"。

功于自己。歌德对这个问题的处理方式仍然是中世纪的,但它反映了一种即使没有教会的保护也可以应对的精神态度。罗森克鲁茨的情况并不是这样:他很明智地远离魔法圈,在传统的束缚下生活。歌德比较现代,因此也更不谨慎。尽管他自己的杰作以两种版本将这个地狱展现在他的眼前,但他从未真正理解基督教教义所保护的这种心灵的瓦尔普吉斯之夜[1]是多么可怕。但是,诗人身上发生的一系列惊人的事情,都不会造成严重后果。它们只是在一百年后,又以一种强烈的方式出现了。无意识心理学必须像这样长时间地进行预判,因为它关注的不是短暂的个性,而是悠久的过程,与这个过程相比,个体不过是源自地下根茎、转瞬即逝的花朵和果实。

拟人化

我称为摘要的东西,也就是我们一直在讨论的这个部分,

---

[1] 瓦尔普吉斯之夜原是英国土著督伊德教教徒的古老节日,后改为圣瓦尔普吉斯的瞻礼日。在每年的4月30号和5月1日,教徒点燃篝火并跳舞来庆祝寒冬的逝去,迎接春天的到来。

佐西莫斯称之为"προιμιον",也即导言[1]。所以,这不是梦中的景象;在这里,佐西莫斯用他艺术的有意识的语言来讲述,用读者很熟稔的术语来表达自己的观点。那条龙、它的献祭和肢解、用整石建造的神殿、人类的转化,都是他那个时代炼金术的流行概念。这一部分对我们来说似乎就是一种意识的寓言,原因正在于此。与本真的幻象相比,它以一种非正统和原创的方式来对待转化的主题,就像梦可能做的那样。在这里,金属的抽象精神被描绘成受苦的人类;整个过程就像是一个神秘的入会仪式,且在很大程度上是心理学式的。但佐西莫斯的意识仍然受到投射的强力影响,他在幻象中只能看到"水的组成"。人们看到,在那些年代,意识是如何远离神秘的过程,而把注意力集中于物质过程之上,以及投射是如何将心灵引向物质的。因为物质世界还没有被发现。如果佐西莫斯早一点认识到这种投射,他就会对这种神秘的思索感到困惑,以至于科学精神的发展也会被延迟更长的时间。对我们来说,物质是截然不同的。它就像其幻象的神秘内容,这对我们来说是特别重要的,因为我们对佐西莫斯想要研究的化学过程了如指掌。因此,

---

[1] 上文第87段(Ⅲ.i.6)。

我们能够将它们从投射中分离出来，并认识到它们所包含的精神元素。这篇摘要也为我们提供了一个比较的标准，使我们能够分辨其陈述风格和幻象风格的差异。这种差异，支持我们的下述假设，即这些幻象更像一个梦，而不是寓言，尽管我们几乎不可能从流传下来的这份有缺陷的文本中重构这个梦。

对人们所表现的"炼金术的神秘"过程，我们需要做一点解释。把无生命的事物拟人化，是原始和古老心理学的残余。它是由无意识的同一性[1]或列维－布吕尔所称的参与神秘性引起的。相反，无意识的同一性是由无意识的内容投射到一个对象中而引起的，因此这些内容随后就可以作为该对象的特性而被意识所接纳。任何使人感兴趣的物体，都会引发大量的投射。从这个意义上说，原始心理学和现代心理学的差别，首先是质的差别，其次才是程度的差别。在文明人中，意识的发展，是通过获得知识和撤销投射而促成的。这些都被认为是心理内容，并与心理重新结合。炼金术士们将他们所有最重要的观念具体化或拟人化——归为四种元素，容器、石头、原初物质、酊剂等。人作为一个宇宙缩影的概念，代表了地球或宇宙

---

[1] 参考《心理类型》的第25条注释。

的所有部分¹,是原始精神身份的残余,反映了意识的朦胧状态。对此,一篇炼金术的文本²做了如下表述:

人应该被看作一个小小的世界,在各方面都可以和整个世界相比。他皮肤下的骨头像山,因为靠着它们身体才强壮,就如地靠石头,肉被取为地,大的血管为江河,小的血管为流入江河的小河。膀胱就是海,大溪小溪都在那里汇聚。头发可以比作发芽的植物,手和脚上的指甲,和其他所有可以在人的内外发现的东西,均可根据种类与世界相比。

炼金术的投射,只是以微观世界的观念为代表的思维方式的一个特例。下面是拟人化的另一例³:

现在写得更清晰一点,最亲爱的/你该怎么办呢/你该去那座房子/你会发现那儿有两道门/门关着/你得在门前站一会

---

1 参看中世纪的人体占星学。有关定义,请参见《心理学和宗教》,第67页,第5条注释。——英编注
2 "世界之光",《赫密斯神智学博物志》,第270页。
3 "黄色人和红色人",多米尼·埃尔基奥里斯红衣主教和布里克西主教牧师的哲学诗句。转载在《金绒毛》上,第177页及以后。在那红色的人之后,他看见了黑乌鸦,白鸽就是由此而来。

儿/直到有人来/打开门/走到你跟前/那是个黄颜色的人/样子并不好看/但是你不该因为他长得不匀称而怕他/他的嘴巴可甜蜜了，他会问你/我亲爱的，你在这里找什么/我真的好久没有看见人/这么接近这座房子/这时，你应该回答他/我来这里，寻求哲人石 /这位黄颜色的人将会这样回答你/我亲爱的朋友，既然你现在从那么远的地方来/我将进一步告诉你/你理应走进这座房子/直到你走近一个流动的喷泉/然后往前再走一阵/终有一个红颜色的人向你走来/他浑身赤红，眼睛也是红的/不要因为他长得丑就怕他/因为他说话温和/他还会问你/我亲爱的朋友/你来这里求什么/对我来说，你是一位怪客/你要这么回答他/我来寻求哲人石。……

金属的拟人化在小鬼和地精的民间故事中很常见，这些小鬼和地精，往往喜欢在矿山里出没[1]。我们在佐西莫斯那里[2]，见过几次金属人，还有一只黄铜做的鹰[3]。那个"白色

---

1 参看阿格里科拉在《地下万物》中和科尔奇在《地下世界》中提及的一些有趣的例子。
2 《古希腊炼金术士文集》，第3卷第35节。
3 《古希腊炼金术士文集》，第3卷第24节第18段。

的人"出现在拉丁文的炼金术里:"把那个白色的人带出容器。"(Accipe illum album hominem de vas.)他是新郎和新娘结合的产物[1],与经常被引用的"白色的女人"和"红色的奴隶"属于同一思想脉络,她们是《阿里斯莱的幻象》里贝亚和加布里库斯的同义语。这两个任务,已被乔叟接纳[2]:

玛耳斯[3]的塑像,以击剑手刺向敌人右胸的姿势站在那里,

他全副武装,面目狰狞,森严可畏,

在他的头上,是两颗闪耀的星,

在权威的古代典籍里被称作:普尔拉和卢柏思。

没有什么比把玛耳斯和维纳斯的爱情故事等同于贝亚和加布里库斯(他们也被比作公狗和母狗)的爱情故事更容易的了。很有可能,占星学的影响也起了一定作用。多亏乔叟无意

---

[1] 《谜语》,第6节,《炼金艺术》,第151页。
[2] 《坎特伯雷故事集》(罗宾逊编),第43页(《骑士的故事》,2041—2045)。
[3] 玛耳斯(Mars),是罗马神话中的国土、战争、农业和春天之神,罗马十二主神之一。他是朱庇特与朱诺之子,贝娄娜之丈夫,维纳斯的情人,其重要程度仅次于朱庇特。——译者注

识地认同于它，人类与宇宙才会交互作用。下面这段对炼金术心理学至关重要的文字，应该从这个意义上来理解："人是由四种元素组成的，石头也是如此，所以它是从人身上（挖）出来的，你就是它的矿石，即通过采集得来；它是从你那里被提取出来的，意即通过分割得来；在你身上，它始终是不可分割的，意即贯穿整个科学。"[1] 不仅事物以人的形象出现，整个宇宙也以人的形象出现。整个自然汇集在人身上的一个中心里，一方与另一方相辅相成，而人也不无道理地得出这样的结论：哲人石的材料可在任何地方找到。"[2]《智慧的结合》[3] 说道："四是构成哲人的本质属性。"石头的元素是四，如果彼此协调一致，它们就会构成哲人，也就是人类完美的万灵药。"他们说，那石头就是人，因为除了靠理性和人类的知识，没有人能得到它[4]"上文所说"你就是它的矿石"，在科马里奥斯的论

---

[1] "罗西鲁斯在《毒瘤》中说。"《炼金艺术》第1卷第311页。

[2] 《常青终曲》，《炼金术剧场》第6卷（1661年），第438页。

[3] 《炼金制品》，第247页、253页、254页。

[4] 文中用 "ad Deum"（而不是 "rad eum"），这是没有意义的。诸如"我们的身体是我们的石头"这样的说法是值得怀疑的，因为 "corpus nostrum" 也可以指神秘的物质。

文里也有相似的表述[1]："在你（克利奥佩特拉）身上隐藏着全部可怕和不可思议的秘密。"关于"身体"（即"物质"）也有同样的说法："在它们身上隐藏着全部的秘密。"[2]

石头的象征作用

佐西莫斯把属身体（此处指的是"有血气的"身体）与属灵的人做了对比，把属灵的人分别出来的标志是，属灵的人寻求认识自我和认识上帝[3]。地上属肉体的人，称为透特或亚当。在他的里面承载着属灵的人，其名字叫光。第一个人，透特——亚当，以四元素为象征。属灵的和属肉体的人也被称为普罗米修斯和厄庇墨透斯。但是，"用寓言的话来说"，他们"只是一个人，即灵魂和身体"。属灵的人被引诱穿上了身体，且因为"潘多拉"的缘故被束缚住了，"希伯来人把潘多拉称为夏娃"[4]。因此，她扮演了阿尼玛的角色，是肉体和灵魂之间的

---

[1]《古希腊炼金术士文集》，第4卷第20章第8节。
[2] 同上第4卷第20章第16节。
[3] 在炼金术文献中强调了自我认识的重要性。参考《永恒之岛》，第162页及以后。
[4] 对整个文本的翻译，请参看《心理学与炼金术》，第456页。

纽带，就像夏克提或玛雅将人的意识与世界纠缠在一起一样。在《克拉提斯书》中，属灵的人说："你能完全地认识你的灵魂吗？如果你认识它，正如你该认识的那样，如果你知道什么能使它更好，那么你就能认识到，哲学家给它取的那些古老的名字并不是它真正的名字。"[1] 这最后一句话是固定短语，可用于哲人石的名称。哲人石象征着内在的人，即人的灵性，是炼金术士想要予以释放的隐蔽的天性。在此意义上，《曙光乍现》说，经由火的洗礼，"死人变成了活的灵魂"。

不易腐性、永恒性、神性、三位一体性等石头的属性，如此持续地受到强调，以至于人们忍不住把它视作物质中隐蔽的神。这可能是把哲人石与基督相类比的基础，这种类比最早出现在佐西莫斯那里（除非关于这个问题的文本被后人篡改过）。因为基督披上了能受苦的身体，并穿上了物质的衣服，他便与哲人石相似，其物质性不断受到强调。哲人石的无处不在，对应于基督的无所不知。但是，它的"廉价"却与教义的观点相悖。基督的神性与人无关，可治愈之石却是从人身上"抽取"的，每个人都是它潜在的载体和创造者。不难看出哲人石补偿的究

---

[1] 贝特洛，《中世纪炼金术士文集》，第3卷第50页。

竟是怎样的意识情境：它绝非是象征基督，反倒补偿的是当时关于基督形象的共同概念。无意识本质的终极目的在于，当它产生哲人石的意象时，人们就能在下述观念中清晰地看到，哲人石源于物质，也源于人，它无处不在：它的制造，至少潜在地是人力所能及的。这些品质，都揭示了当时基督形象的缺陷——对人类的需要来说，它过于纯净，过于遥远，在人的心中留下一片空白。人们感到，属于每个人的"内在的"基督并不存在。基督的灵性太高远，而人类的自然属性又太卑下。在墨丘利斯和哲人石的意象中，"肉体"以其独特的方式美化着自己；它不会把自己转化为精神，相反，它把精神"固定"在石头上，并赋予石头圣三位一体的所有属性。因此，哲人石可以被理解为内在基督的象征，人里面的神的象征。我在这里有目的地使用了"象征"一词，因为：虽然可以把哲人石比作基督，但哲人石并不能替代基督。反之，在数百年的历史进程里，炼金术士越来越倾向于把哲人石视作基督救赎工作的顶峰。这是一种把基督的形象融入"上帝科学"哲学的尝试。在16世纪，昆拉斯首次阐明了哲人石的"神学"位置：它是与"人子"相反的宏观宇宙之子，而"人子"则是微观宇宙之子。这个"伟大世界之子"的意象告诉我们，它是从什么起源派生的：它不是来自个体的有意识的头脑，而是来自那些向宇宙物质的神秘性开放的心灵边缘地带。正确认识到基督形象精神上的片面性之后，神学的思考很早就开始关注基督的身体，也就是关注他的物质性，并用身体复活的假设暂时解决了这一问题。但是，由于这只是一个暂时的答案，因此并不是一个令人完全满意的答案，这一问题便在"圣母升天"中又一次合乎逻辑地被提出来，首先引出圣灵感孕的教义，最后指向圣母升天的教义。

虽然这只是延迟了对这一问题的真实解答，但毕竟提供了解答的路径。在中世纪的插图中，圣母玛利亚的升天和加冕，为男性的三位一体原则，添加了第四项原则，即女性原则。结果便是四元一体，形成了一个真实的而不仅仅是假定的整体性象征。三位一体的整体性仅仅是一个假定，因为在它的外面，站着一个自主的、永恒的对手，以及他那由堕天使和地狱居民组成的合唱团。出现在我们的梦境和异象中整体的自然象征，在东方以曼荼罗的形式出现，都是四位一体的或四的倍数，或是正方体的圆。

对物质的强调，是把石头选作神的形象的首要证据。我们在最早的希腊炼金术中遇到过这种象征，但我们有充分的理由认为，石头的象征要比它在炼金术中的使用古老得多。作为众神发源地的石头（比如，密特拉就诞生自石头）在关于石头诞生的原始传说中得以证实。这些原始传说，可以追溯至更古老的观念，例如，澳大利亚土著认为儿童的灵魂居住在一种叫做"儿童石"的特殊石头里。可以用圣物摩擦儿童石的方式来使儿童的灵魂迁到子宫里。圣物可以是卵石，也可以是经过人工雕琢和装饰的长椭圆形石头，或是以同样的方式装饰过的长椭圆形的、扁平的木头。它们被用作祭祀的礼器。澳大利亚人和美拉尼西亚人坚持认为，这些圣物来自图腾祖先，它们是其身体的遗骸，或是其活动的遗物，而且充满了"阿隆奎尔瑟"[1]和"曼纳"[2]。它们与祖先的灵魂结合在一起，与后来占有它们的所有人的灵魂结合在一起。它们是禁忌，被埋在秘窖里，或被藏在岩石的缝隙中。为了给它们"充能"，有人把它们埋在坟墓里，这样它们就可以吸收死者的"曼纳"了。它们能促进农作物的生长，提高人和动物的繁殖能力，愈合伤

---

[1] 澳洲土著认为武器如果被赋予了"阿隆奎尔瑟"（arungquiltha）的力量，将更具杀伤力。
[2] 指一种非人格的超自然的神秘力量或作用。澳洲土著认为，曼纳不具形象，不可捉摸，不可见闻，但随时随地都借人或物显示其力量和存在。

口，治好身体和灵魂的疾病。因此，当人的命脉受激情的支配时，澳大利亚土著就会用一块圣石敲击他的腹部[1]。这些用于仪式目的的神圣之物，涂着红赭色，抹着油脂，层层叠叠地包裹在树叶里，被人们往上面大吐口水（口水代表着"曼纳"，即超自然力量）。[2]

关于神石的这些观念，不仅在澳大利亚和美拉尼西亚有发现，而且在印度和缅甸，甚至在欧洲本土，都有发现。例如，俄莱斯特斯的疯病，就是用拉科尼亚的一块石头治愈的[3]。宙斯通过坐在莱卡迪亚的一块石头上，从爱情的痛苦中得到了短暂的喘息。在印度，年轻男子会踩在石头上以获得坚定的性格，新娘也会这样做以确保她的忠诚。根据萨克森·格拉马迪科斯的说法，国王的选举人站在石头上，是为了使他们的选举效力

---

[1] 斯宾塞和吉伦，《澳大利亚中北部部落》，第257页及以后。
[2] 黑斯廷斯，《宗教和伦理百科全书》，第5卷第874页。弗雷译，《魔法艺术》，第1卷第160页及以后。类似的赭色石头，在今天的印度仍然可以看到，例如在加尔各答的垂死之家（Kalighat）。
[3] 普达尼亚斯，《描述希腊》（斯皮罗编），第1卷第300页。

得以永久[1]。阿伦岛的绿石被用于治疗和宣誓[2]。在巴塞尔附近伯尔斯河上的一个洞穴里,发现了一个与圣物相似的"灵魂石"的窖藏处。而且,在最近对索罗图恩州的博尔加西小湖上的树状住宅予以发掘时,发现了一组包裹在桦树皮中的大块卵石。石头具有神力这个非常古老的观念,在更高层次的文化上,导致对宝石类似的重视,人们赋予它各种神奇的和药用的特性。历史上最著名的宝石,甚至被认为是其主人遭遇悲剧的罪魁祸首。

亚利桑那州纳瓦霍族印第安人的一个神话,对原始人围绕着石头所做的幻想有特别生动的描述[3]。在大黑暗的日子里[4],英雄的祖先们看到天父降临,而大地母亲则升上去迎接他。他们结合了,这结合就发生在山顶。祖先们在此处发现了

---

1 雅典的执政官在宣誓时也是这样做的。
2 弗雷泽,《魔法艺术》,第1卷第161页。
3 舍维尔,《美丽地球》,第24页和38页。
4 对于澳洲原住民来说,这是最古老的黄金时代(*alcheringa time*),意思是其中既有祖先的世界,也有梦的世界。

一个绿松石制作的小雕像[1]。这个小雕像就变成了(或者按另一个版本的说法是诞生了)伊斯特纳斯拉斯,"使自己返老还童或得到转化的女人"。伊斯特纳斯拉斯是杀死原始怪兽的孪生神的母亲,被称为众神之母或祖母,也是纳瓦霍人母系万神殿中最重要的神祇。她不仅是"自我转化的女人",而且有两种形象,因为她的孪生姐妹尤凯斯特萨恩[2]也被赋予了类似的能力。伊斯特纳斯拉斯是永生不灭的,因为她虽然在一天结束时会长成一个形容枯槁的老妇,但她起床后又变成了一个年轻的姑娘——一个真正的自然神。从她身体的不同部位,生出了四个女儿,第五个女儿则来自她的灵魂。太阳是从藏在她右胸的绿松石串珠里出来的,而月亮则来自她左胸的白贝壳串珠。她通过卷起左胸下面的一块皮而获得重生。她住在西部,在大海中的一个岛上。她的情人是狂野而残忍的太阳搬运工。他还有另一个妻子;只有下雨的时候,他才能和女神一起待在家里。

---

1 参看科马里奥斯的文章(贝特洛,《古希腊炼金术士文集》,第4卷第20节第2段):"爬到树林茂密的山上最高的山洞里,你会发现山顶上有一块石头。从石头中取出男性。……"
2 尤凯斯特萨恩,纳瓦霍印第安人视她为海洋女神。——译者注

绿松石女神是如此神圣，以至于任何形象都不能与她有关，甚至连众神也不能看她的脸。当她的双胞胎儿子问她，他们的父亲是谁时，她给了他们一个错误的答案，显然是为了保护他们免于承受英雄的危险命运。

这位母系女神显然是一个同时象征着自性的阿尼玛式人物。因此，她具有石头的性质，她是永生不灭的，她有四个从身体里生出来的女儿，还有一个从灵魂里生出来的女儿，她具有太阳和月亮的二元性，她扮演情人的角色，她还能改变自己的形象[1]。一个生活在母系社会的男人的自性，仍然会沉浸在他无意识的女性气质当中。甚至在今天，也能在男性的恋母情结的所有案例中观察到这一点。但是，这位绿松石女神也体现了母系的女性心理学，作为一个阿尼玛式的人物，她吸引了她周围的所有男人的恋母情结，并剥夺了他们的独立，就像翁法勒奴役赫拉克勒斯，或喀耳刻[2]使她的俘虏处于兽性的无意识状态——更不用说贝诺伊特的亚特兰蒂达，她把她的情人们制

---

[1] 参看《骑士哈格德的女性气质》。
[2] 喀耳刻，希腊神话中的著名女巫，以操纵强大的黑魔法、变形术及幻术而闻名。——译者注

成了一批干尸。所有这一切的发生，都是因为阿尼玛包含着宝石的秘密，因为，正如尼采所说，"所有的快乐都渴望永恒"。因此，传奇的奥斯坦在谈到哲学的秘密时，对他的学生克利奥帕特拉说："在你身上隐藏着整个可怕而不可思议的秘密。……请让我们知道，最高的是如何降为最低的，最低的是如何升为最高的，而最中间的，是如何使最高的和最低的相互接近，并合二为一。"这个"最中间的"就是石头，是把对立物统一起来的中介。除非从深刻的心理学意义上来理解这些说法，否则它们是没有意义的。

就像石头诞生的母题得以广泛传播一样（参看杜卡利翁[1]和皮拉的创世神话），美洲的传说似乎都特别强调石头身体或有

---

[1] 杜卡利翁，希腊神话中的普罗米修斯之子。传说主神宙斯因对人类不满，降洪水为灾，虔敬而善良的杜卡利翁依照他父亲普罗米修斯的忠告，建造了一只方舟，使他和他的妻子皮拉成为仅有的幸存者。忒弥斯（或赫耳墨斯）要他们把"地母之骨"抛向背后以复兴人类。他们悟出"地母之骨"指的就是石头，便遵教而行。丈夫抛出的石头变成了男子，妻子抛出的石头则变成了女子，这些人便成了希腊人的祖先。——译者注

生命的石头这一母题[1]。在易洛魁人[2]关于孪生兄弟的故事中，我们遇到了这一母题。以一种奇迹的方式，在一个处女的身体里成胎，一对孪生子出生了，其中一个以正常的方式出生，而另一个则以非正常的方式从腋窝里出来，从而害死了他的母亲。这个从腋窝里出来的孩子，有一个由燧石做成的身体。他邪恶残忍，不像他的孪生兄弟。在苏人[3]的版本中，他们的母亲是一只乌龟。在威奇托人[4]的神话里，救世主是南方的那颗伟大的明星，他是作为"火石人"而在地球上展开他的救赎工作的。他的儿子被称为"小火石"。在救赎工作完成后，他俩就都升天了。在这个神话中，就像在中世纪的炼金术中一样，救世主与石头、星辰、"儿子"是一体的，"儿子"就是"超全

[1] 我很感激M.-L.冯·弗朗茨博士提供的这份资料。
[2] 北美洲印第安人的一支。原分布在密西西比河以西，后迁到安大略湖和伊利湖一带。——译者注
[3] 苏人，亦称达科他人。住圆锥形帐篷。男子靠作战骁勇获得部落中的地位；在袭击敌人时，夺得马匹及取到头皮即为骁勇之证明。
[4] 威奇托人是土著美国人，他们曾经占领过堪萨斯州中部以及俄克拉荷马州和得克萨斯州的部分地区，与波尼族人（Pawnee）有着密切的关系。由于该部落人有纹身，法国人也把他们称为波尼皮克特人（Pawnee Picts）。——译者注

能的流明"[1]。纳齐兹印第安人[2]的文化中,英雄是从太阳那里降临尘世的,闪耀着令人难以承受的光芒。他的目光是致命的。为了减轻这种痛苦,也为了防止他的身体腐烂在地上,他便把自己变成了一尊石像。纳齐兹人的祭司长,就是这尊石像的后裔。在道斯的普韦布洛人[3]的传说中,一个处女因美丽的石头而怀孕,生下了一个英雄儿子[4],由于受西班牙的影响,他长成了基督的模样。在阿兹特克人[5]的传说中,石头也扮演着类似的角色。例如,羽蛇神[6]的母亲就是因一种珍贵的绿

---

[1] 流明(lumina),物理学中的光通量单位。——译者注
[2] 纳齐兹,印第安人的一个部落,现已消亡。大约从公元9世纪起,纳齐兹人就生活在今北美密西西比州的纳齐兹附近。他们至高无上的统治者是太阳王。这是一位活在人间的神。纳齐兹人相信他是太阳神的嫡系后代或是太阳神的亲兄弟。——译者注
[3] 普韦布洛人,北美印第安人。"普韦布洛"意为"乡镇"或"乡村"。其为亚利桑那和新墨西哥的岩洞印第安人后代,以农耕为主,擅长建筑,在陶器、银器、篮筐等的制作方面,有卓越才能。——译者注
[4] 参看圣物的繁殖力意义。
[5] 阿兹特克人,北美洲南部墨西哥人数最多的一支印第安人。其中心在墨西哥的特诺奇,故又称墨西哥人或特诺奇人。
[6] 羽蛇神,是中部美洲文明中普遍信奉的神祇,一般被描绘为一条长满羽毛的蛇形象。

色宝石而感孕的[1]。羽蛇神的姓氏就是"宝石祭司",戴着一副绿松石制成的面具[2]。这块绿宝石就是一个生命原则,被放在死人的嘴里[3]。人最初的家,就是这个"宝石碗"[4]。这种转化成石头或化石的母题,在秘鲁和哥伦比亚的传说中是颇为常见的,而且,很可能与巨石崇拜有关。或许,也和类似于圣物的灵魂石这种旧石器时代的崇拜有关。与其相似的是巨石文化的门柱,这种文化可追溯至太平洋群岛。起源于石器时代的尼罗河谷文明[5],将其神圣的国王们都变成了石像,为了使国王的灵魂(ka)永存。在萨满教中,人们非常重视水晶,它扮演着救死扶伤的精灵的角色[6]。它们来自至高神的水晶宝座,

---

[1] 克里克伯格,《阿茨特肯、印加、玛雅和穆伊斯卡的童话故事》,第36页。
[2] 同上,第65页。
[3] 同上,第330页。
[4] 同上,第317页。
[5] 尼罗河文明,即古埃及文明,产生于约公元前3000年。尼罗河流域的西面是利比亚沙漠,东面是阿拉伯沙漠,南面是努比亚沙漠和飞流直泻的大瀑布,北面是三角洲地区。在这些自然屏障的怀抱里,古埃及人得以安全地栖息,不用遭受蛮族入侵所带来的恐惧与苦难。——译者注
[6] 伊莱德,《萨满教》,第52页。

或来自天穹。它们预示着世界上将要发生的事情,以及病人的灵魂正在发生的事情,它们也给人以飞翔的力量[1]。哲人石与不朽的关系很早就得到了证实。奥斯坦尼斯(可能在公元前4世纪)就曾说起过"有灵魂的尼罗河石头"[2]。哲人石是灵丹,是万能药,是解毒剂,是把贱金属转化为金子、把砾石转化为宝石的酊剂。它带来财富、力量和健康;它能治愈忧郁,因为哲人石的生命是救世主、人类和永生不灭的象征。

它的不腐性,也体现在古代的这个"圣人的身体会变成石头"的观念中。所以,《以利亚启示录》对那些逃避来自反弥赛亚势力迫害的人说[3]:"主必接纳他们的精神和灵魂到他的身上,他们的肉体必被制成石头,任何野兽也不能吞灭他们,直到大审判的末日。"在弗洛本尼乌斯报道过的一个巴苏陀人[4]的传说里[5],英雄被他的追赶者追到岸边,无路可逃。他把自己

---

[1] 伊莱德,《萨满教》,第363页及以后。
[2]《古希腊炼金术士文集》,第3卷第6章第5节第12段及以后。
[3] 斯坦多夫,《埃利亚斯启示录》,第36章,第17—37节,第97页。
[4] 巴苏陀人,是班图人的一支,主要生活在莱索托、斯威士兰、博茨瓦纳和南非。——译者注
[5]《太阳神的时代》,第106页。

变成一块石头，追赶者就把他扔到了河的对岸。这就是转化的主旨：彼岸即永恒。

水的象征作用

心理学研究表明，历史学或民族学的象征与那些由无意识自发产生的象征是相同的，而哲人石代表一种超越性的全体的理念，这种理念与分析心理学所称的自性是一致的。从这个角度来看，我们就可以毫无困难地理解这个显然荒谬的陈述了：即哲人石是由身体、灵魂和精神组成的一个有机体，一个小矮人或"人属"。它象征着人，或者更确切地说，象征着内在的人，关于它的那些自相抵牾的说法，实则都是对这个内在的人的描述和定义。哲人石与基督的对应，就是基于哲人石的内涵之上的。在无数的教会和炼金术隐喻的背后，均可发现希腊化的融合语言，这种语言最初是两者共用的。下面这段摘自普里西利安（公元四世纪诺斯替—摩尼教的异教徒）的话，对炼金术士来说一定是极具暗示意味的："上帝是独一的，基督是我们的磐石，耶稣是房角石，基督是人中之人。"除非事情正好相反，从自然哲学中提取的隐喻能通过《约翰福音》进入教会的语言。

在佐西莫斯的幻象中,被拟人化的原则就是创造奇迹的水,它既是水,也是灵,它既杀戮,也赋予人以生命。如若佐西莫斯从梦中醒来,立即想到"水的组成",这明显是从炼金术的观点中得出的结论。正如我们所示,人们长期寻觅的水就代表着生死轮回,每一个由死亡和重生组成的过程,自然都是圣水的一种象征。

我们可以想象,在佐西莫斯身上有着与《约翰福音》第三章的尼哥底母[1]对话相似的东西。在写作《约翰福音》的那个时代,每一个炼金术士都熟悉圣水的概念。当耶稣说:"若不是水和圣灵生的……"当时的炼金术士立即就会明白他的意思。耶稣对尼哥底母的无知颇感诧异,问他:"你是以色列人的先生,还不明白这事吗?"显然,耶稣认为一名教员理应知晓水和灵魂的秘密,也就是死亡和重生。于是,他接着又说了一句在炼金术著作中被多次重复的话:"我们所说的是我们知道的,

---

[1] 尼哥底母,《圣经》中与耶稣对话的法利赛人。——译者注

我们所见证的是我们见过的。"[1]炼金术士们并不是真的引用这句话，但他们以类似的方式思考。他们说话的样子，就好像他们用自己的手触摸到了圣灵的奥秘或礼物，用自己的眼睛看到了圣水的运作[2]。尽管这些说法来自后期，但炼金术的精神从早期到中世纪晚期，或多或少一以贯之。

尼哥底母对话的结论，涉及"世俗和神圣的事情"，这些结论，同样也是从德谟克利特写出"物理和神秘主义"（也被称为"有躯体的和无躯体的"）、"肉体和精神"以来的共同财富[3]。在耶稣的这些话之后，紧接着就是升天和降世的

---

[1] 这句话实际引用自《约翰福音》3:11。
[2] "我亲眼所见，亲手触摸。"（罗萨里姆，《炼金艺术》，第2卷，第205页。）
[3] 然而，必须记住，约翰除了使用当时炼金术的术语以外，还使用了其他术语：Tàèπíγζιd 和 Tàèπιovpàvca（在拉丁文版的《圣经》中意为尘世和上天）。

主题。在炼金术中[1]，这代表着灵魂从卑微的肉体中上升，并以复苏的露珠的形式下降[2]。在下一节中，当耶稣说起在旷野中被举起的蛇，并把它等同于他自己的自我牺牲时，一个"先

[1] 这个说法出自三重伟大的赫耳墨斯的"翠玉石板"："它从尘世升到天堂，又降临尘世。……风在他的肚子里把它生出来。"这个文本总是被解释为指的是石头（霍图拉努斯的《评论》，选自《炼金艺术》）。但石头来自"水"。炼金术与基督教的这个奥秘相似的，是以下这段摘自"匹配法则"（同上，第128页）的话："如若我赤身裸体升入天堂，那么我也将穿上衣服来到尘世，使一切矿物得以完善。如若我们在金银的泉源中受洗，我们身体的灵就会同父与子一道升天，并再次降临尘世，我们的灵魂将得以复活，我们兽性的身体将保持白色。"某匿名作者用同样的方式说道："可以肯定地说，大地不能上升，除非天堂首先降临，因为据说大地上升为天堂，当它在自己的精神中溶解时，它最终又与之结合。""我要用这比喻使你知足。神的儿子，降临在童女那里，穿上肉身，生为凡人，既给我们指明了真理的路，使我们得救，又为我们受苦而死去，复活以后又回到天堂，在那里，尘世，也即人类，被提升到世界的所有领域之上，并被放置在神圣三位一体的理智天国中。同样地，当我死去时，我的灵魂，借助基督的恩惠和赏赐，将回到生命的源头。而我的肉体，则返回尘世，并且在世界的最后审判日，从天国降临的灵魂将带着它一道，纯净地达到无上的荣耀。"
[2] 上升和下降的主题部分基于作为自然现象（云、雨等）的水的运动。

生"必定会想起那个把自己杀死又使自己复活的衔尾蛇。紧随其后的,是"永恒的生命"和万灵药(信仰基督)的主题。的确,这项工作的全部目的,就是要制造出不腐的身体、"不死之物"、无形的灵石,或魔法石。在这一节中,"神爱世人,甚至将他的独生爱子赐给他们……"[1],耶稣把自己认同为摩西的治愈之蛇;因为独一无二是努斯的同义词,而后者又与蛇这位救主或阿伽托戴蒙同义。蛇也是圣水的同义词。这段对话,也可以与《约翰福音》4:14耶稣对撒玛利亚的妇人[2]所说的话相比较:"……成为源泉,直涌到永生。"[3] 值得注意的是,井旁的这段对话形成了"神是个灵"这条教义的语境(《约翰福

---

[1] 引自《圣经·约翰福音》3:16。
[2] 撒玛利亚人是外邦人与残留的以色列人通婚的混血民族。他们的城镇位于巴勒斯坦的中部,北邻加利利,南接犹大。
[3] 圣查士丁说:"作为神活水的泉源……这是基督被源源不断地喷涌出来。"(引自普罗伊申,《有争议的新约经典》,第129页。)高登提乌斯将基督的仁爱比作水。里昂的欧基里乌斯说,基督"把他为我们所设定的肉体带上天国"。奥秘"从地上升到天上,再降临地上,并接受了上面和下面的力量"。

音》4:24）[1]。

尽管炼金术的语言并非总是无意识的晦涩难懂的文字，但不难看出，圣水或它的象征，即衔尾蛇，除了表示隐蔽的神，也就是隐于物质的神，或降临到身体里并在身体的怀抱中迷失了的圣努斯之外，别无其他意味。"道成肉身"这一奥秘，不仅构成了古典炼金术的基础，而且也是许多其他希腊化的融合的宗教精神表现的基础[2]。

幻象的起源

既然炼金术关注的是身体和精神的奥秘，那么，"水的组

---

[1] 炼金术中的"精神"，是指任何易挥发的东西，所有可蒸发的物质，如氧化物等，但作为一种被投射的心理内容，在"灵性身体"的意义上，它也指一种神秘体。（参见米德，《西方传统中的精微体学说》）正是在这个意义上，哲人石作为灵性的定义，应该可以被理解了。也有迹象表明，精神也可以被理解为"心灵"，可以通过"净化"而得以提炼。

[2] 在最古老的文献中，这个奥秘是用象征的术语来表达的。但是从13世纪开始，有越来越多的文本揭示了这个奥秘的神秘一面。最好的例子之一是德国论著《维森河的水石》，它是一本化学小册子，其中指明了方法，命名了材料，描述了过程。

成"在梦中被显现给佐西莫斯,也不足为奇了。他的睡眠是孵化的睡眠,他的梦是"上帝送来的梦"。圣水就是这个过程的"阿拉法"和"俄梅嘎"[1],被炼金术士作为他们欲求的目标而竭力追求。因此,梦的出现是对这水的性质的一种戏剧性解释。这种戏剧化,以强有力的意象展示了转化过程的剧烈和痛苦,而转化过程本身,既是水的生产者,也是水的产品,确实构成了水的本质。这个戏剧变化展示了改变的神圣过程是如何显示自己从而为我们人类所理解的,以及人类是如何体验到它的,把它作为惩罚、折磨[2]、死亡和显圣。做梦的人将描述,

> [1] 阿拉法(alpha),希腊字母表的第一个字母,转义为"始";俄梅嘎(omega),希腊字母表的最后一个字母,转义为"终"。结合上下文语境,可知此处化用自圣经《启示录》的22:13:"我是阿拉法,我是俄梅嘎;我是首先的,我是末后的;我是初,我是终。"——译者注
> [2] 受酷刑的苦,这个元素在佐西莫斯那里是如此显明,在炼金术文献中也不少见。"杀死母亲,砍掉他的手脚。"("谜语"第6节,《炼金艺术》,第1卷第151页)参考《特巴》,《布道》,第18页、第47页,第79节。"逮住一个人,刮掉他的胡须,把他拖到一块石头上……直到他的身体死去。""逮住一只公鸡,活活拔下它的毛,然后把它的头放进一个玻璃容器里。"(《炼金艺术》,第1卷,第139页及以后。)在中世纪的炼金术中,对物质的折磨是基督激情的一种比喻(《维森河的水石》,第97页)。

如若一个人被卷入众神的死亡与复活，他会如何采取行动，以及不得不忍受何种痛苦，如若终有一死的人企图成功地通过他的"艺术"，把"精神的卫士们"从其黑暗的住所释放出来，那么，那些隐蔽的神将会发挥怎样的作用。文献中有迹象表明，这么做，并非没有危险[1]。

有别于它的历史一面，炼金术的神秘一面本质上是一个心理学问题。显然，它是以被投射和象征的形式，表现出来的具体的自性化过程。即使在今天，自性化的过程也会产生与炼金术有最密切联系的象征。在这一点上，我必须请读者参考我更早期的著作，在那些著作里，我已从心理学的角度讨论了这一

---

[1] "这门艺术的基础，许多人为之而消亡。"（参考《特巴》，《布道》，第15节）。佐西莫斯提到了"Antimimos"，即错误的恶魔（《古希腊炼金术士文集》，第3卷第49节第8段）。奥林匹奥多鲁斯引用佩塔西奥斯的名言说，铅（原初物质）是如此的"无耻和令人着迷"，以至于行家里手也被它逼疯了（同上，第2卷第4节第43段）。在制作过程中，魔鬼引发了急躁、怀疑和绝望（《赫密斯神智学博物志》，第461页）。霍格兰德描述了魔鬼如何用幻想欺骗他和他的朋友。见《炼金术的困境》，《炼金术剧场》，第1卷（1659年）第152页及以后。威胁炼金术士的危险，显然是精神性的。参见下文第429页及以后。

问题，并用一些实例做了说明。

使这一过程开始启动的原因，可能是某些病理状态（在大部分情况下是精神分裂症），它们会产生非常相似的象征。但最好的和最清晰的材料，是来自心智健全的人，他们受某种精神痛苦的驱使，抑或出于宗教、哲学和心理原因，而特别关注他们的无意识。从中世纪上溯到罗马时代，人们天然地把重心放在人的灵魂上，只是随着科学的兴起，心理学评论方才成为可能，内在因素才得以投射的形式很容易地到达意识的层面。以下这段文字[1]，可以用来佐证中世纪的观点：

因为正如耶稣在《路加福音》第11章中所说："眼睛就是身上的灯。你的眼睛若了亮，全身就光明；眼睛若昏花，全身就黑暗。"此外，耶稣在第十七章中还说：看哪，神的国就在你们心里——由此显明，关于人之光亮的知识，首先必须从内部产生，而不是从外部放进去，《圣经》里的许多段落，都是这一观点的见证，也就是说，（通常所说的）外部对象，或为了在我们软弱时帮助我们而写下的记号，在《马太福音》第24

---

[1]《维森河的水石》，第75页及以后。这段文字的翻译，我要感谢博士R.T.卢埃林。——英编注

章里只不过是神所栽种并赐给我们的内在恩典之光的见证。同样，口头上的话语也应该被注意聆听，并且只把它当作一种指示、一种帮助或一种指引。举个例子：在你面前放一块白色和黑色的板子，你被问到哪一块是黑色的，哪一块是白色的，如果你先前没有对这两种不同颜色的认识，仅根据这些沉默的物体或木板，你永远也答不上来向你提出的问题，因为这种知识并不是来自木板本身（因为它们是无言的，无生命的），而是源于你的内在，从你每天都要锻炼的先天官能里流溢出来。对象（如前所述）确实刺激了感官，并使它们自身得到理解，但对象绝不是知识的提供者。知识必然来自内在，来自求知者，关于这些颜色的知识，必然是在求知的过程中显现出来的。同样地，当有人向你要一种材料和外部的火，或用燧石（火或光隐藏在其中）打出的火光，你不能把这种隐藏的和秘密的光亮放入石头，相反，你必须唤起、唤醒，从石头中萃取出隐藏的火焰，用手边必备的铁锤敲击它，使它昭然若揭。为了不让火苗熄灭或消失，你必须用事先备好的火绒把它引燃，并扇动它直到它精神健旺。那么，此后你将获得真正的灿烂的光，像火一样闪耀，只要它能得到照顾和保存，你将能够随心所欲地使用它来创造、工作和做事。同样地，也有一种天国的圣光隐藏在人的心灵深处，正如前文所说，它不可能从外部被置于人的心灵深处，而必须从内部显现出来。

因为神把他身上最高贵的两个部位，即两只眼睛和两只耳朵赐给人类，并不是徒然无益、无缘无故的，他这样做，是为了显明，人必须学会倾听和留意其内部的双重视觉和听觉，一个向内，一个向外，好叫他能用属灵的眼光判断属灵的事，将属灵的事讲与属灵的人（《哥林多前书》第2章），也向外分享属灵的部分。

对佐西莫斯和那些想法类似的人来说，圣水是神秘的主体[1]。人格心理学自然会问：佐西莫斯是如何开始寻找一个神秘主体的呢？答案将指向历史的状况：这是时代的问题。但就神秘的主体被炼金术士们视作圣灵的礼物而言，在相当普遍的意义上，就可以把它理解为一种赋予救赎的看得见的恩赐礼物。人普遍渴望救赎，因此只有在特殊情况下，当它不是一种真实的现象，而是一种对它不正常的滥用时，渴望救赎才可能具有一种隐秘的、个人主义的动机。歇斯底里的自欺者，还有

---

1 该术语出现在炼金术中，比如："用其神秘的主体凝结（水银）。""配偶计划"，《炼金术剧场》，第1卷（1659年），第137页。

普通人，总是懂得这门滥用一切的艺术，以逃避生活的要求和责任，尤其是逃避面对自己的责任。他们假装成上帝的追随者，为的是不去面对他们是普通的利己主义者这一事实。在这种情况下，很有必要问他们：你为何要寻求圣水？

我们没有理由认为所有的炼金术士都是这种自欺欺人的人。我们越深入他们思想的晦涩难解处，就越必须承认他们有权利自称为"哲学家"。古往今来，炼金术一直是人类对高不可攀的伟大目标的探索之一。所以，如果我们任凭理性主义的偏见肆意发挥，我们至少可以描述它。但是恩典的宗教体验是一种非理性的现象，不像"美"或"善"那样，被讨论得那么多。既然如此，任何严肃的追求都是有希望的。它是一种本能，不可能像智力、音乐才能或任何其他天生的倾向一样，被归结为个人的病因。因此，我认为，如果我们能够根据当时人们的思维方式，成功地理解佐西莫斯幻象的基本部分，并阐明它所处场景的意义和目的，那么我们的解读就会对佐西莫斯的幻象做出公正的评价。当凯库勒梦到一对对舞伴并从中推断出苯环的结构时，他就完成了佐西莫斯竭力想做成但徒劳无益的事。他的"水的组成成分"并不像苯环中的碳原子和氢原子那样井然有序。炼金术把一种内在的、精神的体验投射到化学物质中，这些化学物质似乎蕴藏着一些神秘的可能性，然而事实证明，它们限制了炼金术士的意图。

虽然化学不能从佐西莫斯的幻象中学到任何东西，但是，它却是现代心理学发现的一个宝库，如果不能求助于这些来自远古时代的精神体验的证据，现代心理学必将走向遗憾的尽头。这样一来，对佐西莫斯的幻象的陈述就会毫无根据，就像无法与任何事物相比的新奇事物，其价值几乎无法评估。但是，这些文献给研究者提供了一个超越他自己的狭窄领域的阿基米德支点[1]，从而给了他一个宝贵的机会，使研究者得以在个体事件的表面混乱中找到自己的方向。

---

[1] 古希腊科学家阿基米德发现了杠杆原理后，曾说："给我一个支点，我就能撬动地球。"此后，"阿基米德支点（Archimedean point）"被用来指一个能够把事实与理论统筹起来的关键点。——译者注

附 卡尔·古斯塔夫·荣格年谱

1875年7月26日
生于瑞士图尔高州凯斯维尔的一个基督教家庭。

1887年
开始学习拉丁文语法。

1895年
巴塞尔大学医学部入学;对神秘学产生兴趣。

1896年
父亲保罗去世,家中陷入赤贫,学费支付困难,但获得了亲戚的帮助继续学业。

1900年
从巴塞尔大学医学部毕业,并搬至苏黎世,在伯格尔茨利精神病院工作。

1903年
发表论文:《所谓神秘现象的心理学与病理学》
同年与爱玛·劳申巴赫结婚。

1904年
与弗朗茨·瑞克林共同出版《诊断协会研究》。

1905年
担任伯格尔茨利精神病院永久"高级"医师、苏黎世大学医学院讲师。同年,与弗朗茨·瑞克林合作研究字词联想(Word Association)测验,并发表论文。他将研究结果寄给弗洛伊德。

1907年
3月3日,与弗洛伊德首次会面。

1908年
担任新成立的《精神分析和精神病理研究年鉴》编辑。

1909年
离开伯格尔茨利精神病院,并在屈斯纳赫特开设自己的私人诊所。

1910年
弗洛伊德建议荣格担任国际精神分析协会终身主席,遭维也纳的同僚反对,仅任两年。

1912年
发表《潜意识心理学》;同年11月,与弗洛伊德以及学术同僚在慕尼黑召开讨论精神分析期刊的会议。因为各种分歧,与弗洛伊德关系紧张并决裂。

1913年
9月,与弗洛伊德在慕尼黑举行的第四届国际精神分析大会上进行最后一次会面。
经历艰难且关键的心理转变,并记录在日记本中,称之为"黑书"(即后来的《红书》)。

1913—1914年
在伦敦心理医学学会上发言,其思想在英国持续受到关注。

1915年
委托制作一本红色皮革装订书(即后来的《红书》),开始抄写笔记及绘画,并持续工作16年(1915—1930),该书被称为荣格全部作品的中心,但直到2009年才出版。

1916年
出版《向死者七次布道》。

1920年
在康沃尔举行研讨会(另外两个研讨会分别在1923年和1925年举行)。

1921年
出版《心理类型》;此后的10年里,该书依然持续出版,其间荣格穿插进行了一些海外旅行。

1925年

远游东非,期望通过与该地区文化上与世隔绝的居民交流,加深他对"原始心理学"(Primitive Psychology)的理解。

1935年

于伦敦的塔维斯托克诊所(Tavistock Clinic)开展一系列讲座,后来讲座内容作为著作集的一部分出版。

1937年

12月,荣格再次离开苏黎世,游历印度。印度教哲学成为荣格理解象征意义和潜意识的重要元素。

1938年

被牛津大学授予荣誉学位。7月29日至8月2日在牛津举行的第十届国际心理治疗医学大会上,荣格发表主题演讲。

1943年

任职巴塞尔大学医学心理学教授。

1944年

因心脏病发作辞去巴塞尔大学医学心理学教授。

1946年

受任新成立的伦敦分析心理学协会的首届荣誉主席。

1955年

妻子爱玛·荣格离世。他们共育有五个孩子。

1959年

出版《飞碟:一个关于天空中所见事物的现代神话》以及备受争议的作品《答约伯》。

1961年

完成最后一部作品《人及其象征》(1964年出版),于6月6日病逝。

1965年

自传《回忆·梦·思考》出版。